干旱区农田生态系统水热碳通量演变特性及模拟研究

连海东 著

·北京·

内 容 提 要

本书以干旱扬黄灌区典型农田生态系统为研究对象，采用涡度相关系统开展水热碳通量、微气象和土壤水盐等综合观测，分析农田生态系统水热碳通量在不同时间尺度上的变化特性与收支特征，结合微气象因子变化，探讨水热碳通量的传输机制和主控因子，构建水热碳通量传输耦合模型，并基于观测数据进行了模型率定和农田生态系统水热碳通量变化模拟。相关成果可为我国干旱灌区水资源优化配置、固碳减排及水土环境改善提供理论支撑。

本书适合高等院校及科研院所从事水利工程、农业工程等学科专业的科研工作人员参考阅读。

图书在版编目（CIP）数据

干旱区农田生态系统水热碳通量演变特性及模拟研究 / 连海东著. -- 北京 : 中国水利水电出版社, 2024. 7.
ISBN 978-7-5226-2640-6
Ⅰ. S181.6
中国国家版本馆CIP数据核字第2024C5N283号

书　　名	干旱区农田生态系统水热碳通量演变特性及模拟研究 GANHANQU NONGTIAN SHENGTAI XITONG SHUIRE TAN TONGLIANG YANBIAN TEXING JI MONI YANJIU
作　　者	连海东　著
出版发行	中国水利水电出版社 （北京市海淀区玉渊潭南路1号D座　100038） 网址：www. waterpub. com. cn E-mail：sales@mwr. gov. cn 电话：（010）68545888（营销中心）
经　　售	北京科水图书销售有限公司 电话：（010）68545874、63202643 全国各地新华书店和相关出版物销售网点
排　　版	中国水利水电出版社微机排版中心
印　　刷	天津嘉恒印务有限公司
规　　格	170mm×240mm　16开本　10.25印张　200千字
版　　次	2024年7月第1版　2024年7月第1次印刷
印　　数	0001—1000册
定　　价	**68.00**元

前言

FOREWORD

自工业革命以来，化石燃料的燃烧和人类活动改变了陆地生态系统碳交换过程以及其收支平衡，导致大气中温室气体含量迅速上升，促使全球变暖，引发严重环境问题，给人类自身的发展带来了巨大威胁。水是经济发展、环境改善和工农业生产不可替代的战略资源，随着经济的发展，人们对水资源的需求量越来越大，且全球水循环系统也正遭受强烈的人类活动影响。以温室气体浓度增加及气候变暖为主要特征的“碳问题”和以淡水资源短缺为主要特征的“水问题”是现阶段人类社会可持续发展面临的两个重大挑战。因此研究土壤-植被-大气连续体中水分、能量及碳的循环过程与机制，评估陆地生态系统碳源汇属性，提高水分利用效率，维持生态系统中合理的水文循环过程等是当前生态学界关注的热点问题。

农业生态系统是全球陆地生态系统的重要组成部分，对维持全球的水、碳平衡发挥着重要作用。农作物是人类生存所需物质和能量的重要来源，其生长速度快，拥有较高的生产力，但同时也通过蒸腾蒸发消耗着大量的水分，是耗水量最大的植被类型之一。相较于其他自然生态系统，农业生态系统除了受到气候变化的影响外，还主要受到翻耕、灌溉等人类精耕细作活动的干扰，因此农业生态系统的水热碳循环过程存在较大不确定性。对于农业生态系统而言，碳循环过程与水循环过程和作物生长密切相关，其耦合过程影响作物产量、农业节水和固碳减排等多个方面。

特别是在我国西北干旱灌区，长时期的提水灌溉活动使农田生态系统形成了较为独特的水热碳交换过程与变化特征，农田生态系统水热碳通量演变特性与环境响应机制尚不明确，因此有必要在西北干旱灌区典型农田生态系统中开展有关水热碳循环变化特性、收支特征与控制机制等方面的研究，以期为我国西北干旱灌区实现水资源优化配置、固碳减排及水土环境改善提供依据。

本书以甘肃省景泰川电力提灌区内的小麦、玉米农田生态系统为研究对象，采用涡度相关技术开展了水热碳通量试验观测，分析了小麦、玉米农田生态系统水热碳通量在不同时间尺度上的变化特性与收支特征，结合微气象因子变化，探讨了水热碳通量的传输机制和主控因子，构建了水热碳通量传输耦合模型，并基于观测数据进行了模型率定和农田生态系统水热碳通量变化模拟。全书具体内容主要包括涡度相关通量数据处理与质量评价、农田生态系统水热时程演变趋势与响应过程、农田生态系统蒸散发特性与耗水规律、农田生态系统碳通量变化特性和碳水耦合机制、农田生态系统水热碳通量耦合模拟研究等五个方面。

全书由华北水利水电大学连海东撰写并统稿。浙江水利水电学院徐存东、宁夏大学孙兆军、华北水利水电大学张先起、汪顺生以及张硕、田俊姣等对全书内容进行了系统审阅，提出了许多宝贵意见，甘肃省景泰川电力提灌水资源利用中心何玉琛等在现场试验观测过程中给予了许多帮助，在此表达最诚挚的谢意。本书的完成和出版得到了黄河流域水资源高效利用省部共建协同创新中心、浙江省农村水利水电资源配置与调控关键技术重点实验室、河南省水工结构安全工程技术研究中心等机构以及国家自然科学基金面上项目（51579102）、浙江省基础公益研究计划项目（LZJWD22E090001）、浙江省重大科技计划项目（2021C03019）等项目的支持。

本书相关内容仅为个人现阶段在现场试验观测基础上对干旱区小麦、玉米农田生态系统水热碳通量演变特性的点滴认识，因作者水平有限，书中难免存在不妥之处，恳请读者批评指正。

作者

2024 年 7 月

目　录

CONTENTS

前言

第1章　绪论 …… 1
1.1　研究背景和意义 …… 1
1.2　国内外研究进展 …… 3
1.3　现有研究存在的主要问题 …… 14
1.4　研究内容和技术路线 …… 15

第2章　研究区概况 …… 18
2.1　地理位置 …… 18
2.2　地貌特征 …… 18
2.3　气象特征 …… 19
2.4　灌区水资源现状 …… 20
2.5　灌区土地资源现状 …… 22

第3章　农田水热碳通量观测及质量评价 …… 25
3.1　试验站作物种植与灌溉管理情况 …… 25
3.2　观测项目与方法 …… 26
3.3　能量平衡闭合验证 …… 40
3.4　通量贡献区评价 …… 42
3.5　本章小结 …… 45

第4章　农田生态系统水热时程演变趋势与响应 …… 46
4.1　微气象因子变化特征 …… 46
4.2　能量通量时程演变特性 …… 50
4.3　能量收支与分配 …… 57
4.4　农田蒸散发演变趋势及环境响应 …… 61
4.5　水热条件下土壤盐分变化特性 …… 70

4.6 本章小结 …… 75

第5章 农田生态系统蒸散发特性与耗水规律 …… 77

5.1 作物生长期划分及气象条件 …… 77

5.2 小麦、玉米蒸散发及其分量 …… 79

5.3 农田生态系统耗水规律 …… 83

5.4 小麦、玉米作物系数及变化特性 …… 87

5.5 本章小结 …… 95

第6章 农田生态系统碳通量变化特性与碳水耦合机制 …… 97

6.1 农田生态系统碳通量变化特性 …… 97

6.2 农田生态系统碳通量环境响应机制 …… 101

6.3 农田生态系统固碳能力 …… 109

6.4 不同生态系统 GPP、R_e 和 NEE 的比较 …… 112

6.5 农田生态系统碳水耦合机制 …… 114

6.6 本章小结 …… 120

第7章 农田生态系统水热碳通量耦合模拟研究 …… 122

7.1 水热碳通量耦合（SCOPE－STEMMUS）模型构建 …… 122

7.2 SCOPE－STEMMUS 耦合模型率定 …… 127

7.3 基于 SCOPE－STEMMUS 耦合模型的农田水热碳通量模拟 …… 134

7.4 本章小结 …… 141

第8章 结论与展望 …… 143

8.1 结论 …… 143

8.2 创新点 …… 145

8.3 不足与展望 …… 146

参考文献 …… 147

第1章 绪 论

1.1 研究背景和意义

“十四五”时期，我国生态文明建设已经进入以降碳为主要战略方向、推动减污降碳协同增效、促进经济社会发展全面绿色转型、实现生态环境质量改善由量变到质变的关键阶段。2021年10月，国务院印发了《2030年前碳达峰行动方案》，特别指出“要推进农业农村减排固碳”。但受人类活动（如化石燃料、森林砍伐、农业生产、土地开发等）的影响，水资源需求量和温室气体排放量急剧增加，由此引发的全球变暖和水资源短缺问题给人类社会发展造成了较大威胁。《2021年中国温室气体公报》（总第11期）指出，全球大气中的主要温室气体含量持续刷新纪录，CO_2 浓度达到（415.7±0.2）$\times10^{-6}$，2021年增幅高于过去10年平均增幅。中国气象局2022年8月发布的《中国气候变化蓝皮书（2022）》指出，当前全球气候变暖趋势仍在加剧，2021年全球平均气温高出工业化之前（1850—1900年）1.11℃，为有气象资料记载的7个最温暖年份之一。全球气候持续升温引发的冰川融化、海平面上升和极端气象事件频发等问题，已经成为人类社会可持续发展面临的严峻挑战。水是经济发展、环境改善和工农业生产不可或缺的战略资源，在水资源需求不断增加的同时，水循环系统还受到不同程度的持续破坏，如水质恶化、冰川融化、地下水位下降、陆地水体萎缩等，这些水问题都对人们的生产生活造成了不良影响。碳循环和水循环是陆地生态系统中物质和能量交换的核心，两者之间存在密切联系，并共同影响着陆地生态系统的可持续发展。因此探讨生态系统中的水碳循环过程，分析人类活动对水碳循环的影响，把握水碳传输耦合机制，对于节约水资源、控制碳排放、调节气候变化、维持陆地生态系统可持续发展具有重要意义。

陆地生态系统固碳潜力巨大，对全球和区域碳循环具有重要影响，是实现“碳中和”目标的重要生态措施[1-2]。农田生态系统作为陆地三大植被生态系统（草地、林地、耕地）之一，占全球陆地面积的38%，其作为全球碳循环中最为活跃的碳库，对大气 CO_2 浓度的季节性变化具有重要影响[3]。农田土壤碳库在维持生态系统碳平衡方面起到了无可取代的作用，但也是陆生生态系统中受到人为干扰最剧烈的区域，为整个陆地生态系统碳循环中最大的不确定因素，其固碳潜力在以往的研究中，往往被低估甚至忽略[4]。农田作物和土壤呼吸向大气中释放 CO_2，农作物又通过光合作用吸收大气中的 CO_2，以生物量的形式贮存在作物中，故农田生态系统可能是碳“源”，也可能是碳“汇”。因此阐明农田生态系统碳循环特征、控制因子及固碳潜力，对我国应对气候变化、提高农田生产力具有重要意义。

农业生产对水资源需求量较大，我国农业用水占全国总用水量的63.5%，其中灌溉用水占农业用水总量的90%以上，水资源短缺和利用率低等问题导致农业水土资源供需矛盾突出[5]。水是农田生态系统中物质和能量传输交换的纽带，一方面，农田生态系统通过蒸散发消耗大量的水资源；另一方面，生态系统光合作用吸收 CO_2 和 H_2O，可以快速积累更高的生物量，为人类的生存和发展提供必要的物质和能量。因此，如何合理利用和科学开发水资源，保障农田生态系统中正常的水分运动，维持合理的水文循环过程，对农业发展具有重要作用。

农田生态系统中物质和能量的循环过程决定着植物的生长状况，其水热碳循环过程与变化机制一直是相关领域的研究重点[6]。农田生态系统中的水碳通量循环是密切联系且相互耦合的，该过程往往还伴随着能量的转化，如蒸散发过程将水循环与能量传输联系起来，光合作用将水循环、碳循环和能量循环联系起来，水碳耦合特性表征了作物对水分的利用效率，光能利用率表征了作物对能量的利用效率[7]。在我国西北干旱半干旱地区，常年降水稀少，但蒸发量极大，农业生产依赖农田灌溉。在长期实施地面灌溉的农田生态系统中，水分和能量的传输过程往往还伴随着土壤盐分的运移，即“盐随水来，盐随水去”。农田灌溉过程、地表蒸散发过程与土壤盐分动态息息相关，土壤盐分变化又会对植物生长和碳积累过程产生重要影响[8-9]。因此在干旱区农田生态系统中，水热碳盐的传输过程、演变特性、收支特征及其耦合机理较为复杂，有必要对干旱区典型农田生态系统开展以水热碳通量为核心的观测研究，进一步明晰各通量的演变规律及内在联系，揭示水热碳通量变化响应机制，探明水热碳通量收支属性。

基于以上背景，本书选取甘肃省景泰川电力提灌区（以下简称“景电灌区”）内的小麦、玉米农田生态系统作为我国西北干旱农田生态系统的典型代表，采用涡度相关技术开展水热碳通量观测，并结合水热盐及微气象观测，研究干旱区农田生态系统水热碳通量在不同时间尺度上的变化特性及主控因子，揭示其水热碳通量环境响应机制和耦合特性，以提高干旱区农田生态系统水分利用效率，增加农田生态系统碳汇。本书内容将进一步丰富我国农田生态系统水热碳通量研究成果，为挖掘西北干旱区农田节水和固碳潜力提供科学依据，对进一步落实国家黄河流域生态保护和高质量发展战略提出的“加强生态环境保护，推进水资源节约集约利用，推动黄河流域高质量发展”等主要任务具有重要的理论与现实意义。

1.2 国内外研究进展

1.2.1 水热碳通量观测研究进展

单位时间内通过某一界面单位面积内物质的量即为通量。在土壤-植被-大气连续体中，主要存在着土壤-植被交互界面和植被冠层-大气交互界面。水热碳通量交换是陆地生态系统与大气间重要的物质和能量交换过程，主要包括净辐射通量、显热通量、潜热通量等能量通量以及 CO_2、H_2O、CH_4 等物质通量。

有关陆地生态系统水热碳通量的研究途径主要有实验观测和模型模拟。实验观测是较为直接的获取生态系统不同界面通量数据的方法，通过实验观测能够清晰了解观测区的通量交换过程，但实验观测耗时耗力，在长时间序列及区域通量研究方面存在劣势。模型模拟是开展生态系统水热碳通量观测的重要途径，但模型模拟仍然以实验观测数据为基础，在各种生物、物理、化学过程的数学表达中，模型的参数化处理和验证过程需要试验观测为其提供数据支持[10]。关于水热碳通量的数值模拟方法有单一的经验模型，也有基于理化过程的复合机理模型。生态系统水热碳通量模拟通常具有很大的不确定性，其主要原因包括：气象等驱动因子具有不确定性；对机理的认识不够充分，一些过程在模型中没有得到充分的描述；模型初值的不确定性；对模型进行拟合时所需的参数也有一定的不确定性。此外，在模型的区域适应性检验、校正等工作中，需大量的实测数据支撑才能较好地模拟预测区域尺度的陆-气通量变化。

生态系统碳通量的观测方法主要包括清查法、箱式法、遥感反演法和涡度相关法。清查法是利用植被与土壤碳储量的时空变异特征，计算出生态系统的碳通量。该方法所需时间较长，要获得植被与土壤碳含量的动态变化，往往要经过数年时间，因此难以在短时间内获得环境变化条件下生态系统生理生态响应机制的信息。箱式法是一种传统的测定方法，是通过测量箱体中的气体（如 CO_2、CH_4 等）浓度变化，来直接测量箱体中的气体通量。该方法费用低廉，且能对不同的处理方式进行对比，但在高秆农作物和林地植被的测定中存在较大的困难。此外，由于箱体和外部隔离，使得箱内的小气候环境与空气有一定的不同，所以其测量结果也不一定完全符合实际。遥感反演法是将区域尺度的生态系统下垫面特征与生态系统模型相结合，实现对 CO_2 和 H_2O 通量的估算，但其外推结果较大程度上受到模型算法精度、影像所包含的波谱特性以及卫星观测所用频谱特性等因素的影响。

生态系统水通量的观测可以利用水量平衡法、波文比能量平衡法、蒸渗仪法、大口径闪烁仪法、遥感反演法、涡度相关法等多种手段进行。水量平衡法是利用植物根系在一段时期内的水分收支之差来估算蒸散发量（*ET*），其准确性受到样点代表性及土壤水分测量精确度的制约。波文比能量平衡法是在波文比的基础上，结合能量平衡法，通过计算潜热通量进而得到水的通量，需要注意的是只有当热量交换系数与水汽湍流交换系数相等时，该方法对下垫面水热通量的观测才相对精确。蒸渗仪法是利用直接称重的方式测量容器中土壤和植被的蒸散发量，箱内和大田土体之间的差异是该方法的主要误差来源[11]。大孔径闪烁仪法是通过景观尺度结果地面标定反演与实验验证相结合的方法[12]，是目前唯一可以直接观测非均匀下垫面景观尺度显热通量的方法，但该方法不能直接测定潜热通量，测量精度会受到波文比、零平面位移等输入参数精度的影响。

以涡度相关法为核心的水热碳通量观测方法是当前世界范围内普遍认可的方法，该方法能够直接观测陆地生态系统与大气之间 H_2O/CO_2 通量，这对全球生态系统水热碳循环研究来说是重大的技术进步[13-14]。涡度相关法的理论体系最早由雷诺于1895年构建。20世纪90年代，高精度水汽与 CO_2 红外气体分析仪的研发使用成功实现了对水碳通量的同步探测，把水文学与生态学这两个重要课题结合在一起，极大推动了涡度相关理论在不同生态系统水碳通量观测中的应用[15]。据不完全统计[16]，全球注册登记的通量观测站点超过了1000个，全球范围内对森林、草原、农田、湿地、沙漠和城镇等多个尺度上的水碳交换进行了短期或长期的观测。从通量站点到观测网络的过渡与发展，为研究陆地生态系统水热碳通量的时空变化规律提供了可靠的数据支撑。

中国通量观测研究网络（ChinaFLUX）建设起步较晚，但发展迅猛。2001年于贵瑞团队启动了中国通量观测研究网络的台站布局、测塔建设、仪器选型、系统集成以及野外工程实施技术方案等论证工作，并在此基础上建成了ChinaFLUX。据ChinaFLUX网站统计，在ChinaFLUX注册登记的观测研究站点已达79个（观测塔83座），这些观测站点的建设为我国陆地生态系统水热碳通量研究做出了巨大贡献。但是由于我国西北干旱区通量站点仍然较为缺乏，现有观测站点观测对象多为湿地、灌木森林、草原或极具地方特色的农林生态系统，而针对干旱区盐渍化灌区农田生态系统的通量观测资料较少，水热碳通量变化特征及响应机制研究较为薄弱。

涡度相关法是一种通过观测、计算气体密度脉动与垂直风速脉动协方差得到湍流通量的方法。这种方法具有扎实的理论基础，在计算通量的过程中，假设条件较少，可以在对下垫面植被及周围环境影响较小的条件下，对生态系统与大气间的物质和能量交换进行长期、持续的观测。涡度相关法不会对生态系统造成破坏，观测范围较广，尤其是在地势平坦的有风区域，具有更好的应用效果[17]。涡度通量数据可以用于研究某个相对单一生态系统不同时间尺度的水热碳通量变化特征、环境控制因素等，同时可以用于不同生态系统的水热碳通量年内年际对比，还可以为陆面过程水热碳通量模型模拟及遥感产品等提供校验数据。近年来，涡度相关法被普遍应用于从热带到寒带各种类型生态系统的通量观测，其覆盖范围基本包括了各类林地、湿地、荒漠、农田、城市等生态系统。国内外许多学者基于通量观测网数据，对不同地区的水碳通量进行了空间升尺度研究[18-19]。涡度相关法是目前用于测量生态系统和大气微量气体通量的一种标准方法，也是本书研究中所运用的观测方法。

我国幅员辽阔，生态系统和气候类型多样，但在水碳通量的观测方面，相对于欧美等发达国家起步较晚，观测站点的布设相对偏少，且观测站点的布局并不完全合理[6]，尤其针对黄河流域干旱区盐渍化农田生态系统的观测研究相对较少。然而，要准确刻画我国陆地水热碳循环过程，还需要在全国范围内增设更多不同类型生态系统通量观测站，以增强其空间分布特征的代表性。与此同时，要持续积累长期的观测数据和空间化的区域环境数据，只有以大量的数据资源为基础，才能对区域内的水碳循环过程有较为准确的认识，从而为区域内节水减排政策的制定提供科学依据。

1.2.2 农田生态系统水热通量研究进展

水循环是陆地生态系统表层物质循环的关键过程，与能量循环有着密切联系，农田生态系统的水热交换过程对空气的流动过程有很大的依赖性。从现有农田生态系统水热通量的研究内容来看，大多数研究都将“水量平衡与能量平衡”作为核心，着重分析生态系统能量的分配变化、蒸散发的变化特征及主控因素、蒸散发模型模拟的关键参数估算等方面。在不同生态系统的水热通量研究中，学者通常将水和热的传输相结合，最直接的原因是热通量中的潜热通量（LE）可以直接换算转化为水通量，另一个原因是水通量的变化根本上受能量变化的驱动。水汽通量是生态系统水循环过程的重要特征参数，陆地和大气间的水汽输送过程给潜热输送提供了载体，极大程度上影响着生态系统的能量平衡。农田生态系统水通量的主要表现形式为蒸散发，其可以划分为土壤蒸发（E）和作物蒸腾（T）两部分。蒸散发的变化与水循环过程相互联系、不可分割。农田生态系统中能量的来源主要是太阳辐射，生态系统的净辐射（R_n）

是引起生态系统温度变化及能量交换的动力源[20]。单位时间通过单位面积的潜热流量称为潜热通量（LE），LE 也可以分为蒸发潜热（LE_e）和蒸腾潜热（LE_t）。大气中的热流量从温度高的气体向温度低的气体传输，单位时间通过单位面积的热流量称为显热通量（H）。

不同生态系统中各能量分量的占比不同，即使同类型的生态系统在不同地区因气候、田间管理等差异，能量通量也表现出较大不同。净辐射的主要去向包括潜热通量、显热通量和土壤热通量（G）[21-22]。Suyker 等[23] 的研究表明，在美国中部地区，玉米和大豆全年总能量的60%用于 ET 消耗。Zhang 等[24] 的研究表明，在西北干旱地区灌溉葡萄田中，H、G 和 LE 分别占 R_n 的 4%～7%、29%～38%和 57%～65%。使用涡度相关系统对热通量进行观测时，往往不能实现能量的完全闭合，通常观测的 LE 与 H 之和（湍流通量）小于 R_n 减去 G 之差（有效能量）。R_n、LE 和 H 有明显的季节动态，并受气候条件的影响[25]。R_n、LE 和 H 同时还具有显著的日变化过程，即中午高夜晚低的单峰变化趋势[26]。蒸散比与波文比（β）是能量拆分中的重要参数，Jia 等[27] 研究指出，受作物生长状况的影响，在生育期内蒸散比与绿叶面积指数（$GLAI$）呈正相关，而 β 随 $GLAI$ 增加而降低。冯禹等[28] 用涡度相关系统获得的旱作玉米农田能量通量结果表明，玉米生育期内 R_n 主要以 ET 为主，而非生育期 R_n 主要以 H 为主，H、G 和 LE 在净辐射中所占的比重是不同的。朱永泰等[29] 对西北干旱荒漠绿洲葡萄园水热通量研究表明，整个生长季上，LE 和 H 分别占白天可利用能量（R_n-G）的 86%和 14%，表明 LE 始终是白天葡萄园可利用能量的主要消耗项。

国内外学者都十分关注农田水分传输迁移过程的研究，不同区域农田生态系统的蒸散发速率存在较大差异，其原因在于农田生态系统的水热通量受到种植制度、作物类型和田间管理方式等多种因素的影响。孙树臣[15] 对黑河流域农田生态系统的研究结果显示年 ET 为 482mm，且 ET 与 R_n 关系显著。雷慧闽[30] 在华北平原区冬小麦夏玉米轮作农田水热碳通量的研究中指出，ET 年总量变化范围为 554～609mm。在农田生态系统中，可以用涡度相关法与微型蒸渗仪、茎流计等技术相结合的方法，对植物的蒸散发过程进行拆分。王健等[31] 对夏玉米生育期的研究表明，ET 和 T 的年际变化大，E 年际变化小，E/ET 的范围为 43.57%～52.23%。邱让建等[32] 在小麦水稻轮作的研究中指出小麦生长季 LE 占有效能的 71%，而稻田则会更高，甚至超过 100%。

农田生态系统的蒸散发量受植被类型、植被物候等生物因子的影响，同时受到净辐射、空气温度（T_a）、土壤温度（T_s）、空气湿度（rH）、土壤含水量（VWC）、饱和水气压差（VPD）等环境因子影响，其中太阳辐射是农田生态系统蒸散发的主要驱动因子。在水分供应充足的条件下，蒸散发量与 R_n 呈明显的正相关关系，蒸散发量不同时间尺度的变化与 R_n 的变化一致。Ding 等[33] 在西北干旱区玉米的研究中指出，R_n 即可以解释玉米农田 ET 变化 70%的变异性，即 R_n 是 ET 变化的主控因子。另外，有研究发现蒸散发与空气温度具有相关性，但净辐射与温度存在显著相关关系，由此可推断空气温度对蒸散发的影响为间接影响。如孙树臣[15] 对黑河流域农田蒸散发变化规律的研究指出，R_n 和 T_s 均为 ET 变化的重要因子，ET 约 40%的变异可用 T_s 来解释。VPD 也是蒸散发的主要驱动因素，考虑 VPD 与作物的气孔开度有关，因此可推断蒸散发与 VPD 或 rH 也存在一定的相关关系。ET 通常会随着 VPD 的增加而增加，但当 ET 达到临界值后，蒸散发对 VPD 的持续增加不敏感，这与气孔导度因过高的 VPD 引起的气孔闭合有关。温度对植物的生理活动有着直接影响，太高或者太低的温度均不利于作物的正常生长发育。VPD 反映了 T_a 和 rH 的综合状态，其对 E 和 T 均存在影响，在能量和水分供应充足的条件下，下垫面的 ET 与 VPD 之间存在着显著的正相关关系。雷慧闽[30] 对华北平原农田生态系统水通量的变化研究发现，平衡蒸散发量（ET_{eq}）、冠层导度（G_c）与 ET 具有显著的相关关系，而 ET 与土壤水分的相关性不大。不同农田生态系统蒸散发受到不同程度土壤水分变化的影响。Liu 等[34] 在我国半干旱区农田生态系统中研究发现，土壤水分变化明显受到降水量和灌水量的影响，水碳通量平衡的重要因子是土壤水分含量。生态系统下垫面水分的散失主要来源于土壤水分，José 等[35] 对菠萝田生长季的研究表明，ET 季节变化的主要因素是土壤水分，当土壤含水量持续下降时，E/ET 从 0.84 下降到 0.09。邹旭东等[36] 对玉米农田的研究发现，潜热和显热通量均对降水过程存在显著响应。王玉才[37] 研究发现水分亏缺对作物 ET 也有明显的影响。除上述因素以外，生物因子中的 LAI 是作物 ET 的主要影响因子[38]，其中，绿叶面积一方面能够控制作物蒸腾作用，另一方面又能因对地面的遮挡而影响土壤蒸发。人类对农田管理模式同样会对农田生态系统的水通量产生影响。Alberto 等[39] 对比研究了淹灌和旱作两种灌水模式下的水热通量，发现淹灌方式下的 ET 高于旱作 17%，这与旱作稻田生长过程叶面积较小且无田间积水面积有关。Liu 等[40] 对黄土高原区春玉米 ET 的研究表明，雨养露地处理条件下玉米生长季 ET 低于灌溉处理 63～129mm，地膜覆盖能够降低生长季玉米 ET 约 15mm 以上，且秸秆覆盖条件下生长季 ET 降低 49mm。地膜能够降低作物生长季的 ET，主要与地膜覆盖能够提高生育期土壤温湿度有关，进而能够促进作物的生长发育，缩短生育期[41]。秸秆还田可以提高土壤的有机质而改善土壤的物理结构，提升土壤的持水性，进而可能降低 E。

农田生态系统水分通量的传输表现在宏观尺度上主要影响作物的需水量，作物需水量可通过参考作物蒸发蒸腾量（ET_0）和作物系数（K_c）进行计算。在作物生育期内，ET_0 主要受客观气象条件的控制，因此 K_c 是合理分配作物不同生育期灌溉量及优化调整灌溉制度的依据。另外，由于作物 ET 可以分为 T 和 E，因此作物系数 K_c 也可分为成两部分：用于反映土壤蒸发的作物系数（K_e）和用于反映作物蒸腾的基础作物系数（K_{cb}）。Li 等[42] 研究表明，干旱覆膜春玉米 K_e 在作物生长前期较大，后随生长期先减小后增大，而 K_{cb} 的变化规律与 K_e 相反，主要随生长期先增大后减小。值得注意的是，Li 等[43] 的研究指出，作物系数 K_c、K_{cb} 和 K_e 均在一定程度上受控于作物 $GLAI$ 的变化，三者间存在一种简单的对数方程关系，这有待于在其他生态系统中进一步验证。胡程达等[44] 对比研究了充分灌溉下冬小麦的作物系数和自然降水条件下的冬小麦实际作物系数，并分析它们的变化规律及其与气象要素的相关关系。

在研究水热通量过程中发现，一些主要反应下垫面发展过程及特征的表面参数与生态系统水热通量变化有着较大的联系。这些表面参数包括表面导度（G_c）、Priestley-Taylor 参数（α）和生态系统表面与大气边界层耦合参数（Ω）等。有研究表明 α 稳定在 1.26 附近，但也有研究认为 α 不是固定值，因此通过确定动态的 α，Priestley-Taylor 模型可以作为计算和预报 ET 的可靠方法。在非生育期内，表面参数会受到降水的强烈干扰，即降水后表面参数将会显著地升高[27]。在生育期内，表面参数随绿叶面积的增大而增大，即作物的生长发育对表面参数有促进作用[45]。其中，G_c 与 α 之间所满足的指数关系方程受到较多关注[46-47]，该方程不仅能够显示出 G_c 和 α 的极大值，而且能够描述 G_c 对 α 影响的拐点，不同生态系统中 G_c 差异性较大[33]。

在干旱半干旱灌区内，土壤水热传输过程伴随着盐分的运移，水热时空分布影响着土壤盐分的分布变化，土壤盐分与土壤水热过程存在较为敏感的响应关系。灌区土壤盐渍化不断发展，必然限制作物正常生长，同时也导致了区域生态环境的持续恶化。土壤水盐时空分布变化过程中地下水扮演了极为重要的角色。围绕土壤水分和盐分之间的关系，已有学者做了大量研究，取得了较多研究成果，主要包括不同灌溉模式下田间水盐运移态势[48]、不同灌溉制度下田间水盐运动过程[49] 及灌溉周期内的土壤水盐运移状态的数值模拟分析[50] 等。土壤盐渍化影响因素的研究多为定性研究，土壤含盐量与地下水的矿化度之间存在着正相关关系，与地下水的埋深存在着负相关关系，地下水埋深与地下水矿化度之间呈负相关关系[51]。有关土壤盐渍化与地下水埋深关系的定量研究较少，不同土层深度、不同区域或不同尺度条件下，其相关性可能发生改变。地下水埋深是土壤盐分积累的关键因素，在同一土层深度，土壤盐分随地下水埋深的增大而减小，二者之间存在对数关系[52]。通过控制地下水埋深来控制土壤盐渍化发展是一个较为复杂的问题，要同时考虑作物、土壤母质、气候等因素。

综上所述，我国西北干旱区农田生态系统下垫面接收到的辐射较大，但不同下垫面对能量分配存在较大差异，进而对水热传输过程产生影响。大量的农田灌溉可能已经显著改变了当地的能量分配及水热响应过程，进而影响区域的微气候，陆-气之间能量和水分交换存在较大的空间异质性。干旱灌区盐渍化农田在灌溉条件下形成的独特能量分配变化过程、水热通量演变特性与响应机制、水热过程与土壤盐分响应关系等问题目前还尚不清晰，具体针对该类型农田生态系统的相关研究较少，因此，在干旱灌盐渍化灌区开展相关研究分析，能够进一步了解典型农田生态系统的水热传输过程及控制机制。

1.2.3 农田生态系统碳通量研究进展

随着全球 CO_2 浓度的增加及气候变暖局势的加剧，陆地生态系统中全球碳循环和碳收支的研究已成为环境和生态科学中的一个重要课题，准确地描述不同类型碳库的变化趋势至关重要。作为地表特殊的生态系统，农田生态系统中的物种数量很少，营养结构也很简单，碳通量与碳循环是人为干扰下的生态系统碳流动过程，生态系统抵抗力稳定性差。相对于其他陆地生态系统，农田生态系统的碳循环更为均匀，且具有显著的年际变化特征，值得深入研究和分析。目前农田生态系统碳通量研究的重点主要有三个方面：①农田生态系统碳通量循环变化特征分析；②农田生态系统碳通量变化主控因素揭示；③生态系统碳通量模拟模型的构建及参数化方案。

有关碳通量研究都以观测数据分析为基础，进而探讨通量变化的基本规律。不同农田生态系统类型间的净生态系统碳交换量（*NEE*）差异很大，各碳通量分量的变化对环境因素响应的敏感程度也不相同，即使同一生态系统，因时空演变差异的影响同样存在较大的变化，特别是农田生态系统的 *NEE* 受作物生育期的强烈影响而具有明显的时程演变特性。在单一种植模式下，农田碳通量呈显著的单峰 U 形变化，在多熟种植模式下，则大体呈现 W 形双峰波动[53]。农田生态系统 *NEE* 在作物生长中期远大于作物生长初期和生长末期，农田生态系统碳吸收和碳排放最大的时期往往相同，这主要与作物在该时期光合和呼吸作用均达到峰值有关。农田生态系统在作物生长季一般表现为碳汇，而在非生长季农田为裸土状态时一般表现为碳源，但在温暖湿润区的农田，残留的作物种子和杂草的生长使得农田生态系统仍具有一定的固碳能力。另外，不同作物种植模式对农田生态系统碳收支属性产生不同的影响。冬小麦越冬期内由于低温、低辐射等因素，作物生长停滞，*NEE* 日波动较小。徐昔保等[54] 对太湖流域水稻和小麦轮作农田中碳交换的研究表明，水稻和小麦轮作农田生态系统表现为碳汇，*NEE* 为－785.38～－749.49g/(m^2·a)，但考虑到籽粒碳和秸秆还田后，该系统表现为弱碳汇。Wang 等[55] 对冬小麦-夏玉米轮作条件下的碳收支进行了研究，其认为冬小麦生长季为－90g/m^2 的汇，而夏玉米生长季为 167g/m^2 的源，因此冬小麦-夏玉米轮作系统表现为碳源。Sasai 等[56] 对日本多个区域农田在 2001—2009 年的观测结果进行分析，发现净生态系统生产力（*NEP*）在其绝对值和时间变化上存在很大的差异。叶昊天等[57] 对东北玉米农田生态系统研究指出，生长季累积碳交换量分别为－513.37～－398.67g/m^2，生长季玉米表现为碳汇。

农田生态系统与大气间的碳循环过程极为复杂，在不同时空尺度下，碳通量变化过程对各种气象、水文、生态等因素都十分敏感[58]。目前已经有大量研究分析了主要环境胁迫因素及气候变化对陆地大气碳通量的影响[59]，在短时间尺度（如每日），碳通量变化很大程度上是受气候效应所控制的，例如太阳辐射、温度、降水等因素[60]；在较长时间尺度（如季节性和年际），碳通量变化是由生物对气候变化的反应控制。周琳琳等[61] 对陇中半干旱区覆膜玉米农田生态系统 *NEE* 的影响因子进行了研究，结果表明，*NEE* 与环境因子相关性为光合有效辐射＞气温＞饱和水汽压差＞土壤温度＞土壤含水量。

温度是农田生态系统碳通量变化的重要环境影响因子，其主要通过光合作用和呼吸作用来影响农田生态系统碳通量[62]。温度在作物不同生长阶段对碳通量变化表现出不同的影响机制，吴东星等[63] 研究发现小麦的 *NEE* 在各生长阶段对温度的响应不一致，冬小麦在分蘖、灌浆阶段的 *NEE* 日值与土壤温度之间存在着显著的相关性，而在越冬、拔节阶段则没有显著的相关性。分蘖期、越冬期、灌浆期的总 *NEE* 与土壤温度之间存在显著的正相关关系，而拔节期的总 *NEE* 与土壤温度之间存在显著的负相关关系。陈宇[64] 研究表明日尺度 *NEE* 变化受温度影响存在差异，玉米的碳通量在小时尺度上受净辐射影响最大，在日尺度上春玉米受饱和水汽压差影响最大，夏玉米受气温影响最大。龚婷婷等[65] 研究表明荒漠生态系统中温度变化会引起固碳能力变化，在植被生长初期和后期，高温会导致该生态系统 *NEP* 增加；在生长旺盛阶段，高温状况下荒漠植被的碳固定能力则表现出抑制作用。明广辉[10] 对棉田的研究结果表明，夜间生态系统呼吸速率与土壤温度之间存在着指数相关关系，5cm 处土层温度是反映稻田呼吸速率变化的最适宜温度指标。温度对碳通量的影响包括对光合作用暗反应中酶的活性的影响及对光合作用叶片与大气 CO_2、水汽的物理交换的影响，尤其是通过光合作用暗反应中的酶促反应，从而对生态系统的碳交换产生影响[16]。王进等[53]的研究表明，作物光合作用的生化过程对温度的响应要大于其物理过程。温度对生态系统呼吸强度有显著影响，且呈指数正相关关系。土壤呼吸的日进程和季节性变化与土壤温度的变化过程保持一致。同时生态系统呼吸速率与温度的相关关系也受到其他环境变量的共同影响，其中生态系统呼吸敏感性系数受到土壤水分和叶面积的调控。董彦丽等[66]对黄土高原多种作物类型的研究结果显示，玉米土壤碳通量变化对温度不敏感。

在不同生态系统中，水分条件对固碳能力均存在一定的影响。水分条件作为重要的环境因子，时刻参与生态系统碳通量调节，过高或过低的水分条件均会抑制生态系统的固碳能力。在低水分条件下，植被叶片功能受到限制，气孔关闭，光合作用能力下降，影响植被生产力，碳吸收量明显降低，进而影响作物的固碳能力；过高的土壤水分条件会导致土壤通透能力减弱，对根系的活性产生影响，进而导致根系吸水能力减弱，影响作物的碳汇。由此可知，只有在适当的土壤含水量条件下，才能达到最大的光合效率，进而提高生态系统的碳汇能力。需要注意的是，干旱区农田受到水分有效性的制约，植被更大程度上可能遭受水分胁迫，这使得干旱灌区生态系统中土壤水分状况对 *NEE* 影响最大。

光照是陆地生态系统碳通量的主要驱动因子，光照不仅是绿色植物形成叶绿体、叶绿素以及正常功能叶片的必要条件，还可以通过调节光合酶活性及气孔开度，从而对植物光合速率的大小产生直接影响。光合有效辐射（*PAR*）是影响生态系统总初级生产力（*GPP*）和 *NEE* 变化的主要因素。在白天 *PAR* 与生态系统的碳交换之间存在显著的相关性。随着 *PAR* 的不断增强，植物对 CO_2 的同化吸收能力也会逐渐增大；而当 *PAR* 较高时，CO_2 通量对 *PAR* 敏感性会逐渐降低，两者之间的变化特征可以用直角双曲线方程表示。*PAR* 与农田生态系统碳交换之间关系还受到其他环境因子的制约，只有在适宜的温度范围内 *PAR* 才会对生态系统的碳通量产生较为显著的影响。吴东星等[63]的研究表明，光和有效辐射与生态系统 *NEE* 之间有明显的相关关系，随着光合作用可利用光强的提高，作物的碳同化与吸收能力也随之增强。土壤 CO_2 通量与 *PAR* 之间的关系也受土壤物候期和植物生理生态特性的影响。在不同生育阶段，作物的叶片面积、光合作用能力各不相同，因此，CO_2 排放与 *PAR* 之间的相关关系也各不相同；通常情况下，作物生长旺盛期内的光能利用是最高的，CO_2 通量和 *PAR* 的相关性也相对较高。Chen 等[67]对我国华北平原稻麦轮作生态系统的碳通量研究表明，两种作物均在抽穗期和灌浆期 CO_2 通量对 *PAR* 的响应更强，当作物进入到成熟阶段，麦田 CO_2 通量对 *PAR* 的依赖性相对较弱。

综合上所述，农田生态系统的碳通量在不同时间尺度上的变化存在较大差异，不同气候条件的农田碳收支情况同样存在差异；碳通量对气象因子和生物因子的响应较为复杂，虽然对温度、光合有效辐射等因子存在经验模型进行描述，但具体在不同地区农田生态系统中存在不确定性。目前平原湿润气候区内的农田生态系统碳循环及变化过程研究取得了丰硕成果，但由于涡度观测的缺乏，有关干旱区大水灌溉条件下小麦、玉米农田生态系统碳通量变化特性及响应因子的研究还较少，尚无法与其他生态系统进行对比，因此有必要对该典型农田生态系统碳通量的传输特性、收支特征等开展进一步研究，丰富对干旱区典型农田生态系统碳循环过程的认识。

1.2.4 农田生态系统水热碳耦合模拟研究进展

生态系统中的水热碳通量并不是孤立的，三者之间存在耦合关系，水热碳耦合的核心为水碳耦合，水碳耦合过程伴随着能量的传输与转化。水热碳耦合过程主要是通过植物叶片气孔将碳循环与水循环对应的光合作用与蒸腾作用联系起来。水分利用效率（*WUE*）是指消耗单位质量的水所固定的CO_2的量，是反映水碳耦合特性的重要指标之一。如何保持作物产量并降低水的消耗一直以来是碳水耦合研究的热点。植被两种尺度上的水分利用效率经常被用到：一是叶片水平，光合、蒸腾速率可以通过光合作用仪直接测定并用于计算*WUE*；二是生态系统尺度上，光合作用产生的生物量与蒸散发量的比值。生态系统水分利用效率可以直接使用*NEE*/*ET*，但*NEE*是生态系统总光合与生态系统呼吸叠加后的结果，从原始碳水耦合的实际角度考虑，应该通过*NEE*的拆分进而估算出*GPP*，进而再探讨生态系统的水分利用效率。若能将生态系统*ET*进一步拆分为*E*和*T*，计算水利用效率时用*T*代替*ET*，则能更深入地认识生态系统*WUE*的变化特性及响应机理。冠层尺度的水分利用效率的计算因为涡度技术的推广而较为简单，*NEE*拆分的*GPP*与涡度观测的蒸散发量相结合可以用于探究水分利用效率的变化。针对不同的学科领域和不同的尺度，存在不同的水分利用效率的定义。张慧[68]基于涡度数据研究了东北雨养玉米农田冠层尺度上的三类*WUE*特性，即分别基于*GPP*、生态系统净初级生产力（*NPP*）和作物经济产量的水分效率利用效率。雷慧闽[30]分别对华北平原冬小麦夏玉米轮作农田进行了冠层尺度*WUE*的研究，小麦季平均*WUE*为2.81g/kg，玉米季平均*WUE*为4.81g/kg。Bai等[69]通过涡度观测对北疆膜下滴灌棉田的*WUE*进行了研究，平均的*WUE*为1.0g/kg。

农田生态系统水分利用效率随着某些气象要素的变化而动态变化，但由于气候区、耕作方式、作物品种的不同，生态系统的*WUE*差别较大。对农田生态系统碳循环和水循环存在影响的环境因子均可能对 *WUE* 存在影响，但不同地区的农田生态系统其响应因子并不相同。冯朝阳等[70] 的研究指出，与生态系统碳通量相类似，*WUE* 在短时期内受气象因素的影响更大，但在长时间周期内受植被冠层生长状态的影响更大。徐连三等[71] 在新疆棉田的研究表明，棉叶水分利用效率的提高可以从降低叶片温度、提高气孔开度以及减小胞间 CO_2 浓度等方面开展。Lu 等[72]、Zhou 等[73] 的研究成果指出，生态系统尺度的水分利用效率则与饱和水汽压差之间存在负相关关系。有学者为了探讨较为稳定碳水耦合关系，尝试消除 *VPD*、*ET* 等对 *WUE* 的影响，从而获得标准化的 *WUE* 进行研究[69]。庄淏然等[74] 研究了宁夏引黄灌区玉米农田 WUE_T、WUE_{ET} 和 $IWUE_{VPD}$ 三种水分利用效率标准化处理形式与气象因子的关系，结果表明三种形式的 *WUE* 与土壤含水量呈显著正相关，与 *VPD* 呈显著负相关。刘宪锋等[75] 研究了黄土高原植被生态系统水分利用效率时空变化，结果表明降水量、日照时数、相对湿度 3 种气候因子是导致 *WUE* 变化的主要气候因子。Li 等[76] 对小麦生长季 *WUE* 的研究指出，随着 CO_2 浓度升高植物光合作用提高和蒸腾作用降低共同导致植物 *WUE* 的升高。

生态系统水热碳耦合作用过程是陆面过程物质能量交换的核心环节，水热碳耦合作用过程的数值模拟及参数化方案研究是水热碳通量研究的必经阶段。通过模型模拟，能够减少农田观测所需时间和精力，并有助于深化对生态系统水热碳耦合机理的研究。近年来，国内外学者开展了较多农田生态系统的水热碳通量模拟，构建了一系列的农田生态系统水碳耦合模型，并在华北平原及部分半干旱区得到应用验证。其中在我国应用较为广泛的陆面过程模型包括：SIB2 模型、光合蒸腾耦合模型、BIOME - BGC 模型、Crop - C 模型、CEVSA 模型、VIP 模型和 DNDC 模型等。徐聪等[77] 利用 SIB2 模拟了 7 个典型植被生态系统的能量通量，*H*、*LE* 和 *G* 的平均 R^2 分别为 0.73、0.47 和 0.39，*LE* 在各生态系统均存在不同程度的低估，平均低估率达到 25%。张扬等[78] 采用 BIOME - BGC 模型模拟并验证大兴安岭兴安落叶松林生长季碳交换情况，模拟 *NEE* 值与实测 *NEE* 值之间呈极显著相关关系（$R^2=0.705$，$P<0.01$），两者在时间序列上波动较为一致。常娟[79] 和张凤英[80] 将 LPJ 模型应用于草地、灌丛、林地、农田等生态系统的碳通量及水分利用效率的模拟，取得了较好的效果。王军邦等[81] 以华北农田为例，对 GLOPEM - CEVSA 模型的适用性及其对碳通量的模拟精度进行了检验，结果表明该模型在对总初级生产力的预测误差为 −3.64%～7.96%，各碳通量分量模拟值与观测值线性拟合的决定关系数在 0.30～0.84。田展等[82] 利用 DNDC 模型，对稻田生态系统的碳排放量进行了模拟，着重对降雨、温度升高等环境因素与稻田碳循环的关系进行了分析。王

帅[83] 采用双源模型对稻田的能量通量进行了模拟，结果显示潜热通量模拟值与实测值相比总体偏高，主要体现在夜间的模拟部分，最大相差 59.55W/m²。王婷[84] 基于 WOFOST 作物模型在参数率定的基础上模拟了北京市大兴区的玉米蒸散发量，利用动态叶面积指数模拟的作物系数计算的蒸散量最接近涡度相关法实测的蒸散量，误差为 31%。

不同的水碳通量模型在过程的假设和简化、经验公式的选择以及模型参数化上存在差异，但各类模型仍以水-碳循环及生理生态过程的机理模拟为重点。房云龙等[85] 基于干旱区陆地下垫面观测数据，优化了反照率、粗糙度长度和土壤热力性质这三个陆面过程模式 Common Land Model 中的参数。孟祥新等[86] 对比 BATS、LSM 和 CoLM 不同陆面过程模式在半干旱地区通榆站的适用性，结果表明，3 种模型均能较好地模拟陆气间能量通量的时程变化趋势，但模拟精度存在一定差异。晋伟等[87] 采用 CLM5.0-BGCCROP 耦合模型对黄土高原小麦、玉米的能量通量进行了模拟，适用性较好，平均偏差为 $-1.97 \sim 1.46 W/m^2$。彭记永等[88] 对比了 4 种 S－W 模型在玉米农田蒸散发中的模拟精度，指出采用改进型有效叶面积指数冠层阻力模型和 Sellers 土壤阻力参数模型组合后，在一定程度上提高了模型精度。何田田[89] 将冠层阻力模型与土壤阻力模型耦合，构建并验证了临界冠层阻力模型、气候阻力模型和 Jarvis 多因子阶乘模型的适用性，结果表明 Jarvis 多因子阶乘模型是最适合本地玉米蒸发蒸腾量估算的冠层阻力模型。黄铭锐[90] 对冬小麦-夏玉米轮作农田水热通量模拟结果显示，临界冠层阻力模型在天津地区更具有适用性，模拟精度较高。

综上所述，农田生态系统碳水耦合特性在不同尺度上拥有不同的结果，水分利用效率的稳定性对环境因子的响应特征在不同生态系统中存在差异，尤其是农田生态系统受灌溉等人类活动影响较大，针对干旱区盐渍化条件下的小麦、玉米农田碳水耦合的季节变化特性及影响因子研究较少。现有水热碳的耦合模拟研究，以原位观测数据为基础，在部分地区得到了较好的模拟结果，但基于陆面过程的农田生态系统水热碳通量模型在干旱盐渍化农田生态系统中的适用性需要进一步探索研究。

1.3 现有研究存在的主要问题

随着人们对生态环境和全球气候变化的关注，陆地生态系统水热碳循环过程研究成为学者关注的热点。通量观测技术的进步加快了全球各类型生态系统水热碳通量研究进程，我国不同生态系统水热碳通量观测研究逐步完善，并取得了一系列的研究成果。但受气象要素变异性和不同地区生态系统类型独特性的影响，水热碳通量研究仍受到地域条件的限制和影响。综合国内外研究现状，关于干旱区农田水热碳通量的研究还不够全面，在以下方面亟须进一步开展理论阐释和论证：

(1) 小麦和玉米作为我国的主要粮食作物，有关其农田生态系统水热碳通量的研究主要集中在华北平原等地区，西北干旱区不同类型农田生态系统水热碳通量的研究较少，通量观测数据不够丰富。

(2) 现有水热碳通量观测研究更多针对农田生态系统水热传输、碳通量交换过程等开展单一研究，有关水热碳盐综合观测的研究较少。长期灌溉条件下盐渍化农田形成了独特的水热碳通量变化过程，由于观测数据缺乏，水热碳通量演变特性及其对环境因子的响应过程尚未得到全面的揭示，干旱区小麦、玉米农田能量收支及碳汇属性尚不明确。

(3) 现有水热碳通量模拟模型对于土壤水热等过程的考虑存在简化，陆面过程模拟结果存在不确定性，适合干旱区农田生态系统的水热碳通量传输耦合模型及变化模拟研究需要进一步探索与验证。

1.4 研究内容和技术路线

1.4.1 研究内容

针对干旱灌区小麦玉米农田生态系统水热碳通量综合观测不足、传输过程及耦合特征不明确、陆面过程通量变化模拟存在不确定性等问题，本书选取西北干旱盐渍化灌区内小麦、玉米农田生态系统为对象，主要通过涡度相关系统及其他辅助传感器对研究区开展了以能量通量、水分通量和碳通量等核心的生态水文过程长期连续观测，分析小麦、玉米农田生态系统的水、热、碳、盐等变化特征及收支特性，揭示其变化过程的主控因子与响应机制，构建水热碳通量传输耦合模型，并基于观测数据对干旱区农田生态系统水热碳通量变化进行模拟，主要研究内容如下：

(1) 涡度相关通量数据处理与质量评价。基于中位数绝对偏差法和边际分布抽样法分别对涡度观测通量数据进行质量控制和合理插补，获取连续时间序列的通量观测数据；基于能量平衡原理对涡度观测通量数据进行能量闭合验证，分析涡度观测通量贡献区的范围，进而对通量观测数据的质量及空间代表性进行评价。

(2) 农田生态系统水热时程演变趋势与响应研究。根据田间涡度相关系统观测的能量通量，分析小麦、玉米农田生态系统各能量分量在不同时间尺度上的变化过程，研究能量收支与分配的季节变化特征；分析蒸散发及表面参数的季节变化过程特征，阐释蒸散发对生物及环境因子的响应机制；基于通径分析探究蒸散发变化的主控因子，定量分析环境因子对蒸散发的直接影响和间接影响；分析农田土壤水热盐时空分布变化特征，揭示土壤盐分与水热变化之间的响应关系。

(3) 农田生态系统蒸散发特性与耗水规律研究。对小麦、玉米作物生长期进行划分，基于潜在水分利用效率理论，实现蒸散发组分的分离；分析作物蒸腾和土壤蒸发的季节变化特征及驱动因子；研究小麦、玉米不同生育期内的耗水规律和农田水量平衡特性；基于实测蒸散发量确定适合当地条件的小麦、玉米作物系数曲线，分析作物系数的季节变化过程，并探讨生物因子对作物系数的影响。

(4) 农田生态系统碳通量变化特性和碳水耦合机制研究。基于夜间呼吸温度关系法将涡度观测的 NEE 拆分为 GPP 和 R_e，分析各碳通量分量在不同时间尺度上的变化特征；通过通径分析研究碳通量主要影响因子及其贡献度，探究碳通量对环境因子的响应机制；探讨小麦、玉米生长季和全年各碳通量的收支状况，进行碳平衡的源汇判断，分析干旱区小麦、玉米农田生态系统与其他生态系统碳收支的差异；基于水分利用效率揭示农田生态系统碳水耦合变化特性，探究小麦、玉米不同农学意义的水分利用效率差异及其稳定性。

(5) 农田生态系统水热碳通量耦合模拟研究。基于生态系统陆面过程模拟的光化学模型（SCOPE）和土壤水热气传导模型（STEMMUS）构建干旱区农田生态系统水热碳通量耦合模型（SCOPE－STEMMUS）；基于干旱区小麦、玉米农田生态系统实测气象数据，对模型进行率定；采用率定后的耦合模型对小麦、玉米农田的水热碳通量进行模拟，确定所构建耦合模型在干旱区农田生态系水热碳通量模拟方面的适用性。

1.4.2 技术路线

基于上述试验观测、通量变化过程特征分析、通量传输响应机制和水热碳通量耦合模拟等研究内容，本书主要按照以下思路进行：首先，开展水热碳通量综合观测，主要包括涡度相关通量观测、大气微气象观测和土壤水热盐观测等，对观测数据进行必要的质量控制和插补，得到连续的通量和气象数据；其次，基于观测数据分析生态系统水分、能量、碳通量及盐分在不同时间尺度上的变化特性与收支特征，并结合微气象观测数据，揭示水热碳通量变化的主控因子和响应机制；最后，构建农田生态系统陆面过程水热碳传输耦合模型，在模型率定的基础上，开展农田生态系统水热碳通量变化模拟。研究技术路线如图1－1所示。

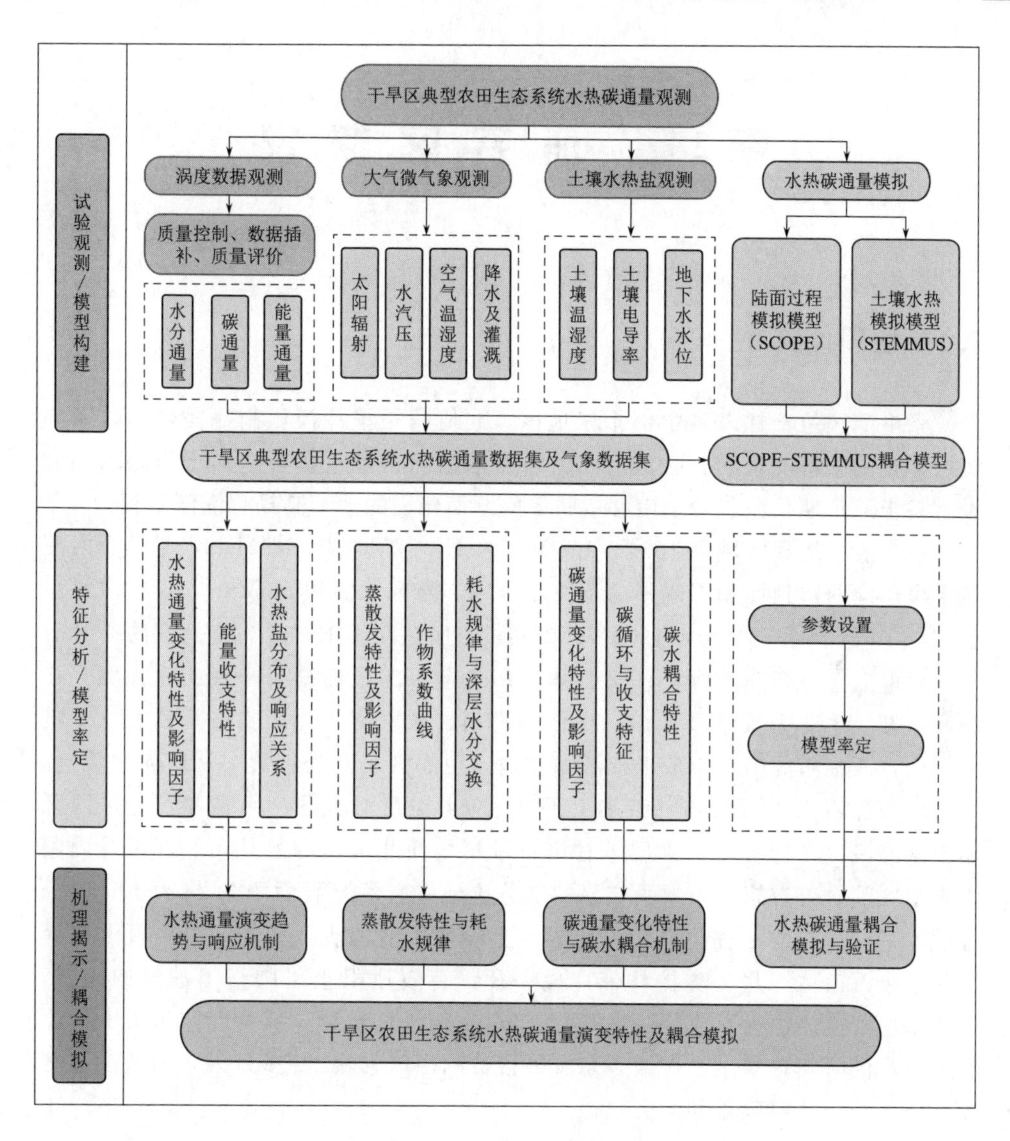
试验观测/模型构建
干旱区典型农田生态系统水热碳通量观测
涡度数据观测
大气微气象观测
土壤水热盐观测
水热碳通量模拟
质量控制、数据插补、质量评价
水分通量
碳通量
能量通量
太阳辐射
水汽压
空气温湿度
降水及灌溉
土壤温湿度
土壤电导率
地下水水位
陆面过程模拟模型（SCOPE）
土壤水热模拟模型（STEMMUS）
干旱区典型农田生态系统水热碳通量数据集及气象数据集
SCOPE-STEMMUS耦合模型
特征分析/模型率定
水热通量变化特性及影响因子
能量收支特性
水热盐分布及响应关系
蒸散发特性及影响因子
作物系数曲线
耗水规律与深层水分交换
碳通量变化特性及影响因子
碳循环与收支特征
碳水耦合特性
参数设置
模型率定
机理揭示/耦合模拟
水热通量演变趋势与响应机制
蒸散发特性与耗水规律
碳通量变化特性与碳水耦合机制
水热碳通量耦合模拟与验证
干旱区农田生态系统水热碳通量演变特性及耦合模拟

图 1-1　研究技术路线图

第2章 研究区概况

2.1 地理位置

景电灌区位于甘肃省中部干旱地区，北倚腾格里沙漠，南靠昌岭山，东临黄河，是国家解决景泰、古浪、内蒙古自治区阿拉善左旗等地区干旱缺水、大量宜耕土地长期荒芜、沙漠南移威胁等问题而建设的大型高扬程灌溉工程。

景电灌区地理区域为103°20′E～104°04′E，37°26′N～38°41′N，是一个沿灌溉主渠道向两边延伸的不规则的条块形区域。灌区总面积586km^2，设计灌溉总面积6.13万hm^2，高程为1300～1906m，灌区东西长120km，南北宽约40km。

景电灌区分两期建成。一期工程于1969年开工，1971年开始提水灌溉，在行政区域上主要为景泰县区域，南依寿鹿山、米家山，北接腾格里沙漠，东毗刀楞山，西临猎虎山，形成扇形洪积盆地，距灌区东侧处，黄河从南向北流过，有效灌溉面积2.23万hm^2。二期工程于1984年开工建设，1987年部分区段开始上水灌溉，在行政上分别属于甘肃省景泰县西北部、古浪县东北部以及内蒙古自治区阿拉善右旗和景泰县交界的部分土地，有效灌溉面积3.28万hm^2。景电灌区一期、二期工程建成后，从根本上改变了灌区农业生产条件，百万亩灌区与十余万亩“三北”防护林带连成一片，有效地阻止了腾格里沙漠的南侵，在腾格里沙漠的边缘形成了一条长约100km的绿色长廊，成为兰州市最大的生态屏障，同时安置景泰、古浪、东乡等县贫困山区移民30多万人，创造了显著的经济效益、社会效益和生态效益。

2.2 地貌特征

景电灌区地处祁连山加里东褶皱带的东端，北抵内蒙古自治区阿拉善盟南缘。由于地质构造、岩性和侵蚀作用强度的不同，所以灌区的地貌景观十分丰富，包括中高山、低山、丘陵、山前倾斜平原，还有山间盆地、河滩阶地、台地等。景电灌区耕地主要分布在山前冲洪积倾斜平原区，整体地势由西南坡向东北，上部坡度约1/30，下部平坦连片，坡度约1/100。

景电灌区一期工程的地貌主要由草窝滩盆地、芦阳盆地及兴泉盆地组成。芦阳盆地地形开畅，呈山前倾斜平原地貌景观，地下水径流条件较好，可以经芦阳、响水泄入黄河；草窝滩盆地地形封闭，地下水径流条件差；兴泉盆地属于地下水的上游带，径流条件较好。

景电灌区二期工程的北面与腾格里沙漠接壤约 40km，对灌区的水土资源的开发利用构成直接威胁；另外灌区北部还与方家井沙窝、明沙嘴地区的半固定与流动沙丘地相连，灌区东南部为白墩子滩，盆地中心为盐沼区，灌区南面为山前丘陵区与侵蚀、剥蚀山丘，此区向东南延伸到黄河边，为灌区的工程干线建设提供了优越的地形条件，整体的地形条件将灌区分割为东、西两大片。

灌溉区总体地貌类型以洪积冲积倾斜平原为主，洪积冲积扇上部洪水冲沟较多，坡降较大，中部开阔，地势较为平坦，普遍在砾石层上覆盖有 1～3m 的黄土或风化土层。

2.3 气象特征

景电灌区位于欧亚大陆腹地，位于暖温带荒漠地区。东邻黄河，西连内陆河石羊河流域，北倚腾格里沙漠，南靠祁连山尾部的昌岭山脉。太平洋、印度洋暖湿气流被秦岭、六盘山、华家岭所阻，北冰洋气流被乌鞘岭、祁连山、天山等山脉阻隔，南方湿润气流到本区已成强弩之末，因此造成本区气温日变差大，降雨量稀少，蒸发量大，日照时间长，春季多风，夏季酷热，无霜期较长，风沙多，尤以春季为甚，属典型的大陆型气候。

该地区是我国除青藏高原外光热资源最丰富的地区之一。年内季节分布明显，夏季日照时间长，冬季短，春秋适中，有利于农作物生长，冬春两季多风，灌区上水后植树造林面积不断扩大，防风林带逐步成林，风沙日数已逐渐减少，八级以上大风日数多年平均由上水前的 29d 减为 14d。

根据景泰县气象观测站观测资料，该区域多年平均气温为 8.8℃，多年平均最低温度为 －19.7℃，多年平均最高温度为 35℃，多年平均年降水量 190.9mm，降水量年际变化范围为 103.5～298.6mm，降雨时段主要集中在每年的 7—9 月，可达全年降水量的 63%以上，但空间分布极不均衡。灌区多年平均蒸发量和年最大蒸发量分别为 2289.9mm 和 2751.8mm，多年平均年日照时数为 2725.6h，一年无霜期为 190d。风向多为西北风，平均风速为 1.8m/s，历年最大风速为 21.7m/s。由于与腾格里沙漠和内蒙古自治区广袤的干旱农牧区比邻，该地区沙尘暴出现频率较高，历年沙尘暴最多日数 47d，大多发生在春与夏交替之际。由于气候寒冷，该地区最大冻土深度为 99cm，结冻日期一般开始于11月下旬，融冻日期一般结束于次年3月上旬。灌区内光热条件充足，季节特征明显，春秋季节时长适中，夏季较长、冬季较短，从光热条件来看非常适于农业生产活动，但由于降雨量较少，蒸发强度较大，植被匮水，生境状况不佳。

2.4 灌区水资源现状

2.4.1 灌区水资源转化关系

景电灌区内有纵横各种季节性河（沟）道共46条，但大多为季节性行洪沟道，其径流量主要由大气降水补给，与气候密切相关，河道径流量年内变化幅度较大，水量分布极不均匀，泄洪时流量大，径流集中，历时较短，这些沟道经各条沙沟或渗入地下，或汇入黄河。

根据水文实测、水文调查及按照径流模数计算，灌区内地表径流量为1.87亿m^3，均为暴雨补给，主要集中在7—9月的行洪沟道的产流。黄河从灌区东部流过，灌区从黄河年均提水量为3.89亿m^3。

灌区内地下水资源因地表径流条件差，补给来源不充沛，所以水量极少，存在形式以潜水为主。灌区地下水循环系统经过了跨区域提水—灌溉入渗—地下水—灌溉回归水这样大数量的转化过程，所以灌区地表水与地下水在成因上存在着不可分割的联系。灌溉入渗和降雨通过渗入基岩裂隙和沟谷砂砾石中形成地下水。基岩裂隙水沿裂隙运动，一部分以潜流的方式转化为沟谷潜水；另一部分溢出地表形成地表径流。山区沟谷的地下水，一部分以截流引泉的形式直接用于人畜饮水或农田灌溉；另一部分以潜流的方式直接回归泄入黄河。

景电灌区地下水主要分布在一期灌区的寺滩-芦阳盆地、草窝滩盆地和二期灌区的漫水滩盆地、白墩子盆地等地，其补给条件如下：

(1) 田间和渠系灌溉水渗漏补给。灌区地面灌溉多为大水漫灌，灌溉水入渗补给量占地下水补给量的75.9%。

(2) 大气降水补给。由于灌区气候干旱，降水稀少，降水入渗补给量仅占地下水总补给量的5.38%。

(3) 径流和潜流补给。灌区内的地表径流除山区一部分以引泉和截引的方式采引，另一部分则汇集于沟谷以潜流的形式补给，其中潜流补给量占地下水补给量的15.3%；径流补给量占地下水补给量的3.42%。

灌区的地表和地下水的相互转化给灌区水资源的重复利用提供了有利条件，灌区内的地下水在运移过程中除开敞式水文地质单元的地下水以泉水出露的沟道回归黄河外，其他部分在封闭型的盆地内蒸发耗散。

2.4.2 区域水文地质特征

2.4.2.1 地层构造和水文单元特征

景电灌区所处大地构造位置，属祁连山褶皱系东端，横跨河西走廊过渡带及北部祁连褶皱带。新生代以来，以升降运动为主，伴随轻微的褶皱、断裂，在上古生代-中生代凹陷的基础上，发育了新生代断凹陷盆地，这些盆地对地下水的赋存极为有利，是景电灌区主要的地下水储水构造。

灌区内地层发育完全，包括了岩浆岩、变质岩、沉积岩及第四纪松散沉积物等多种类型。其中第三系上统的内陆河湖相地层和第四系地层在灌区内十分发育，广泛分布于灌区的沟谷阶地，山麓坡地及新生代断陷盆地。由于这些岩层是在干旱炎热、以蒸发浓缩作用占优势的地质历史时期形成的，所以富含有氯盐（如 $NaCl$、KCl、$MgCl_2$、$CaCl_2$ 等）、硫酸盐类（$CaSO_4$、$MgSO_4$ 等）可溶性盐。

从独立的水文单元看，景电一期灌区自东向西形成了由芦阳盆地、草窝滩-一条山平原两个水文单元；二期灌区自东向西形成了白墩子-漫水滩盆地、海子滩-洋湖子滩盆地两大水文地质单元区，其水文地质条件各具特点。

按照地下水的排泄条件分为封闭型的水文地质单元和开敞型的水文地质单元，其中：一期灌区的芦阳盆地和二期灌区的白墩子-漫水滩盆地属于封闭型水文地质单元；一期灌区的草窝滩-一条山平原和二期灌区的海子滩-洋湖子滩盆属于开敞型的水文地质单元，其独特的地质构造不但控制着灌区内岩系的上升隆起和盆地的断陷沉积，同时也控制着地下水补给，径流储存及排泄的基本条件。

封闭型水文地质单元均为周边基岩所环抱的封闭型断陷盆地。盆地地下水主要受大气降水，沟谷洪流入渗补给，转化为第四系孔隙潜水后经山前洪积扇及洪积倾斜平原向盆地中心流，水质不断恶化，从低矿化度的重硫酸钙型水，过渡到矿化度的 SO_4^{2-} ～Cl^- ～（K^+ ＋Na^+）～Mg^{2+} 型水。在盆地中心蒸发排泄，水化学类型为 Cl^- ～SO_4^{2-} ～（K^+ ＋Na^+）～Ca^{2+}。

开敞型水文地质单元的地形特征是：南为褶皱隆起的基岩中高山区，东西两侧受基底构造隆起的限制，属向东北开敞型的断陷盆地，地下水主要受南部山区基岩裂隙水及灌溉回归水补给，埋深为 80～30m 过渡，矿化度为 0.86～2.73g/L。

2.4.2.2 地下水赋存类型及富水性

根据灌区地下水赋存特征，可分为坚硬岩石类裂隙水和松散岩石类孔隙水两种基本类型。

坚硬岩石类裂隙水主要分布于基岩山区，一般其富水性较弱。基岩裂隙水大部分以潜水状态赋存于构造裂隙和风化裂隙内，分布于长岭山、米家山、五佛北山及南部中低山区。岩溶裂隙水赋存于下石炭系厚层灰岩岩溶裂隙中，具微承压性，主要分布于长岭山南部、五佛北山等地，呈带状延伸，因溶洞、裂隙发育不均匀，故富水性也不均匀。碎屑岩类孔隙裂隙水赋存于南部红帆和北部大小红山、草窝滩等地的第三系砂岩、砾岩和砂质泥岩孔隙裂隙内。

松散岩石类孔隙水分布于山前第四系凹陷盆地洪积层及河谷平原冲积层内，潜水含量丰富。各盆地含水层厚度最厚可达到150m。在封闭型的水文地质单元，以老虎山、长岭山为地下水补给区，渗透极强，靠近山区埋藏都很深，一般大于80m，至盆地中心埋深逐渐变浅，潜水大量溢出。其中寺滩至芦阳盆地、兴泉盆地的地下水最终经沟底排泄到黄河。白墩子为封闭盆地，地下水消耗于蒸发。漫水滩、寺滩北部及白墩子南部、草窝滩南部地貌为盆地形态，由于第四系砂碎石层厚度较薄且基底起伏较大，因此含水不均匀，富水性较弱，水质较差。

2.5 灌区土地资源现状

2.5.1 土壤性质及开发现状

景电灌区的地层区划属河西走廊六盘山分区，武威中宁小区，土地资源丰富，土地利用率很低。植被组成上表现为荒漠化草原景观，其特征是超旱生小灌木和旱生草本混合群，覆盖度较低。

景电灌区耕地的上层土壤类型以荒漠灰钙土为主，灌区提水灌溉前不同深度土壤的含盐量见表2-1。由土壤结构分析可见，表层土壤有机质含量低且结构松散，土壤中毛管孔隙多且连续程度好，对水盐运移作用大，在干旱的气候条件下，强烈的蒸发容易使下层盐分传导到土壤表层，形成地表积盐。

表2-1　提水灌溉前灌区土壤灰钙土盐分含量表

采样深度/cm	HCO_3^-/%	Cl^-/%	SO_4^{2-}/%	Na^+/%	Ca^{2+}/%	Mg^{2+}/%	全盐量/%
0～30	0.060	0.190	0.157	0.123	0.035	0.056	0.610
30～60	0.051	0.160	0.229	0.089	0.043	0.047	0.650
60～90	0.048	0.165	0.253	0.155	0.046	0.064	0.730
90～120	0.056	0.178	0.267	0.187	0.052	0.056	0.682

灌区耕作土壤以荒漠灰钙土为主，土壤质地主要为砂壤土，在旱生植被下和干旱少雨条件下，腐殖质累积过程较弱，土壤有机物质含量较低且结构松散，0～60cm土壤理化性状见表2-2。景电灌区工程建成后，大量的黄河水通过提灌工程调入灌区，极大地改善了灌区农业生产条件和生态环境。

表 2-2　　灌区土壤理化性状

土壤类型	土壤容重 /(g/cm^3)	黏粒含量 /%	田间最大持水量/%	有机质 /(g/kg)	速效磷 /(mg/kg)	速效氮 /(mg/kg)	pH 值
砂壤土	1.45	4.9～26.0	24.1	13.23	74.51	26.31	8.65

2.5.2 盐碱地的特性与分布

2.5.2.1 盐碱化发展现状

景电一期灌区地下水观测资料表明，灌区在上水运行后地下水位逐年上升，在得不到及时排泄的地区如草窝滩盆地、芦阳寺滩盆地，约有 0.2 万 hm^2 耕地出现了严重的次生盐碱化现象，每逢春季这些土地表面都会泛出白色碱性物质等，主要成分为氯盐、硫酸盐类以及一些碳酸盐类。

由于提水灌溉使得一期灌区的部分耕地成为了二期灌区的地下水排泄区，已在景电一期灌区的白墩子滩、兰炼农场的下游段新增次生盐碱化土地约 0.34 万 hm^2；在景电二期灌区范围内，原来由于地下水浅埋，其盐碱化面积已增加了约 15.6%，汇水聚盐带原弱盐碱化的土地变成了强盐碱化土地，大面积的次生盐碱化制约了灌区经济的发展。其主要成因有：水文地质条件造成的积盐、干旱气候带来的积盐、地形地貌的影响、土壤母质含盐和人类活动的影响等。

2.5.2.2 盐碱土类型

盐碱土是以单位土体中易溶盐的含量来进行分类的，其主要评价指标为含盐量和盐分的组成。通常以 0～100cm 或 0～30cm 土层的平均含盐量来进行划分，前者称为主级，适用于制定开荒洗盐的冲洗定额研究，后者称为次级，对土壤改良有重要意义。

在景电灌区盐碱土分类时，根据每百克土体中含盐量的平均值，将本区土壤划分为非盐渍化土、盐渍化土、轻盐土、中盐土、重盐土和特重盐土 6 个主级，17 种次级，见表 2-3。灌区盐渍土的分布总趋势为：由西南向东北部土壤含盐量加重，从非盐渍化土过渡为重盐土，由灌区下游至上游土壤含盐逐渐加重。

表 2-3　　灌区盐渍土分类

类型	主级		次级类型	次级		面积 /万 hm^2	占总面积 /%
	代号	0～100cm 含盐量/%		代号	0～30cm 含盐量/%		
非盐渍化土	I	<0.4	非盐渍化	I_1	<0.4	4.024	24.6
			盐渍化	I_2	0.4～2.0	0.724	4.6
			轻盐量	I_3	2.0～4.0	0.012	0.1

续表

类型	主级		次级类型	次级		面积/万 hm^2	占总面积/%
	代号	0～100cm含盐量/%		代号	0～30cm含盐量/%		
盐渍化土	Ⅱ	0.4～1.5	非盐渍化	II_1	＜0.4	1.091	6.7
			盐渍化	II_2	0.4～2.0	2.512	15.4
			轻盐量	II_3	2.0～4.0	1.859	11.4
轻盐土	Ⅲ	1.5～3.0	盐渍化	III_2	0.4～2.0	0.004	0
			轻盐量	III_3	2.0～4.0	0.305	1.9
			中盐量	III_4	4.0～8.0	1.199	7.4
			重盐量	III_5	8.0～16.0	0.119	0.7
中盐土	Ⅳ	3.0～6.0	轻盐量	IV_3	2.0～4.0	0.002	0
			中盐量	IV_4	4.0～8.0	0.223	1.4
			重盐量	IV_5	8.0～16.0	1.671	10.2
			特重盐量	IV_6	＞16.0	0.147	0.9
重盐土	Ⅴ	6.0～12.0	重盐量	V_5	8.0～16.0	0.213	1.3
			特重盐量	V_6	＞16.0	1.697	10.4
特重盐土	Ⅵ	＞12.0	特重盐量	VI_6	＞16.0	0.193	1.2

综上所述，景电灌区在地理位置、气候环境、水资源分布状况、土壤特性、土地覆被变迁、地表水与地下水相互转化等方面均具有明显的特点和代表性，这些特点具体表现为：

(1) 灌区属于典型的干旱内陆性气候、降雨量稀少、蒸发强烈；但土地资源丰富、光热条件充足，适于发展人工灌溉。

(2) 区域内地表水资源极度匮乏，工农业生产和人工绿洲的发展主要依赖于跨地域的扬水灌溉，区域内的地表水、灌溉水和地下水之间存在明显的相互转化关系。

(3) 灌区内土壤属于典型的荒漠灰钙土，丰富的土壤含盐量以及特殊的地层条件和土壤特性决定了区域水盐运移会具有明显特点。

(4) 灌区与腾格里沙漠比邻，局域水盐运移对区域水土环境和生态变迁过程的影响具有代表性。

第3章　农田水热碳通量观测及质量评价

3.1　试验站作物种植与灌溉管理情况

景电灌区试验站位于甘肃省景泰县，试验地地理坐标为104°05′E，37°12′N。试验站总面积约10.9hm^2，试验地面积为6.0hm^2，采用一年一季的种植方式，小麦与玉米年际间交替耕作。灌溉试验站周边同样为农田，作物种类和种植模式与试验站相同。小麦播种时间一般为每年3月中旬，收获时间为7月中下旬，生长期约130d。玉米一般为每年4月下旬播种，10月中旬收获，生长期约180d。作物灌溉方式为地面畦灌，玉米播种前（4月上旬）进行一次春灌，灌溉量约为160m^3/亩，生长过程中5月中旬至8月中下旬共进行4次灌溉，玉米收获后进行一次冬灌，灌溉量约为150m^3/亩；小麦生长过程中5月中旬至7月上旬共进行3次灌溉。研究试验于2018年11月至2022年12月在试验站内的农田进行。试验观测期作物种植及灌溉情况见表3-1。播种量和施肥量参考当地多年种植经验。

表3-1　观测期作物种植及灌溉情况

年份	种植作物	播种时间	收获时间	灌溉制度		
				灌水日期	灌溉方式	灌水量/(m^3/亩)
2019	小麦	3月10日	7月20日	5月15—17日	畦灌	120
				6月10—12日	畦灌	110
				7月5—7日	畦灌	105
2020	玉米	4月20日	10月15日	4月8—10日	畦灌	155
				5月10—12日	畦灌	132
				6月8—10日	畦灌	112
				7月15—17日	畦灌	89
				8月18—20日	畦灌	87
				10月18—20日	畦灌	148

续表

年份	种植作物	播种时间	收获时间	灌溉制度		
				灌水日期	灌溉方式	灌水量/(m^3/亩)
2021	小麦	3月15日	7月24日	5月15—17日	畦灌	118
				6月10—12日	畦灌	107
				7月5—7日	畦灌	99
2022	玉米	4月22日	10月20日	4月10—12日	畦灌	165
				5月10—12日	畦灌	139
				6月8—10日	畦灌	122
				7月15—17日	畦灌	110
				8月24—26日	畦灌	109
				10月25—27日	畦灌	150

3.2 观测项目与方法

3.2.1 涡度相关系统及数据采集

3.2.1.1 涡度相关系统观测原理

涡度相关系统并不能直接用于生态系统冠层与大气界面间的水热碳通量的观测，而是借助于三维超声风速仪对风速和风向进行高频观测，通过红外气体分析仪分别对CO_2、H_2O的浓度进行高频观测，基于涡度协方差关系计算出各类通量值。在仅考虑能量、H_2O、CO_2在生态系统中垂直方向的湍流交换时，CO_2通量、潜热通量和显热通量可以分别被定义为单位时间单位面积上通过垂直湍流运动输送的CO_2、H_2O和热量的量。涡度相关系统存在三个方面的假设：①通量层空气流动是稳态的，即生态系统中干空气密度波动平均值为0；②仪器和下垫面之间不存在任何的源或汇，一般当植物高度相对较矮时，可以忽略冠层的存储项；③上风区范围相对充足且观测下垫面水平均匀。当假设某一计算时段内垂直方向的风速平均值为0时，则可以通过式（3-1）～式（3-3）对CO_2通量、潜热通量和显热通量进行计算：

$$LE=\lambda ET=\lambda\overline{\rho_a w'q'} \tag{3-1}$$

$$H=C_p\overline{\rho_a w'T'} \tag{3-2}$$

$$F=\overline{w'c'} \tag{3-3}$$

式中：λ为水的汽化热，J/kg；LE为潜热通量，W/m^2；H为显热通量，W/m^2；C_p为空气比热容，J/(kg·K)；ρ_a为空气密度，kg/m^3；F为一定时间内（通

常为 30min）平均的 CO_2 通量；w 为垂直风速，m/s；c 为 CO_2 的即时浓度；$\overline{w'c'}$ 为 w 与 c 的协方差；撇号（′）表示离均差；横杠（—）表示时间的平均。

由于流体运动存在连续性，且下垫面对流动液体存在一定的黏附作用，故在地球表面附近形成了较大的风速梯度。这就是下垫面对大气流动的阻力作用，也称为摩擦作用。近地层单位面积内的湍流切应力计算按式（3-4）和式（3-5）进行计算：

$$\tau_x = -\rho_a \overline{u'w'} = \rho_a u^{*2} \tag{3-4}$$

$$-\overline{u'w'} = u^{*2} \tag{3-5}$$

式中：ρ_a 为空气密度；u'和 w'分别为水平和竖直方向的风速，m/s；u^* 为摩擦速度，m/s，其值代表了脉动速度的大小，是表示大气湍流稳定度的一个重要参数。

涡度相关系统就是高频测定生态系统中各物理量的湍流脉动量，进而可根据式（3-1）～式（3-5）计算某物理量的通量值。

3.2.1.2 观测仪器及方法

景电灌区灌溉试验站安装的涡度相关观测仪器和观测项目与国内外普遍使用的通量观测方法一致，采用开路式涡度相关系统。站内通量观测开始于 2018 年 11 月。研究从 2018 年 11 月至 2022 年 12 月，在小麦、玉米农田上开展了 4 年的水热碳通量综合观测试验。为了减少人类活动和耕作机械对观测设备的影响，将涡度观测系统安装在试验站两块地中间的位置，一般充分考虑大于等于 90%的风浪区来自目标生态系统。由于当地盛行西北风，将三维超声风速仪朝向西北方向。小麦、玉米生长期平均最高在 50～180cm，开路式涡度相关系安装在高度可调节的三脚架上，相关传感器安装在距地面高度为 2.5m 的伸展臂上，以确保获得充分的通量印痕，观测期内不再随作物生长发育调节安装高度。

观测站开路式涡度相关系统主要由一个三维超声风速仪（CSAT-3A，Campbell Scientific，美国），一个开路式红外 CO_2/H_2O 气体分析仪（EC150，Campbell Scientific，美国）及其他微气象观测设施构成。观测的通量数据以 10Hz 的频率记录收集在一个数据采集器（CR3000，Campbell Scientific，美国）中，并储存在一个 16GB 的内存卡中。涡度相关系统主要仪器参数及性能如下：

（1）三维超声风速仪（CSAT-3A）。主要用于测量三个方向（经向、纬向、垂向）的风速和超声温度。其能够观测 0～30m/s 风速，观测风速分辨率为 0.01m/s，系统一般默认设定输出频率为 10Hz。

（2）开路式红外 CO_2/H_2O 气体分析仪（EC150）。主要用于测量 CO_2 和

H_2O 脉动摩尔密度，该设备具有温度补偿功能。其测量精度为：CO_2 为小于读数的1%，H_2O 为小于读数的2%。工作温度为－25.0～50.0℃。输出频率为0～50Hz，研究中与三维超声风速仪相同，设定输出频率为10Hz。

（3）数据采集器（CR3000）。主要用于采集和存储三维超声风速仪、开路式红外 CO_2/H_2O 气体分析仪及其他传感器观测数据。三维超声风速仪和红外 CO_2/H_2O 气体分析仪采集的数据构成了开路式涡度相关系统的原始数据，按照涡度相关理论对原始数据进行计算后可以得到一系列通量特征值。系统能够实现数据的昼夜连续自动采集，每30min输出一组平均数据并储存。最大扫描速率100Hz。具有自定义编程功能，可进行在线计算通量，实时输出 CO_2 通量、水汽通量、显热和潜热通量。内置数据采集软件（LoggerNet 4.2.1），实现变量定义、系统设置和数据下载等。

涡度观测除了必需的三维超声风速仪和开路式红外 CO_2/H_2O 气体分析仪外，还需要对微气象情况进行辅助观测设施，其主要作用是对涡度相关系统观测数据异常值剔除、插补等提供依据，同时为解析通量观测数据、开展生态学研究提供帮助。观测站常规气象指标观测仪器同步安装在涡度相关系统附近，观测项目主要包括气温、土壤温度、空气相对湿度、土壤水分、降水量、辐射、大气压、土壤电导率等，其存储频率同样设置为30min。观测仪器主要参数性能如下：

（1）气温和空气相对湿度。观测站安装了空气温湿度传感器（HMP155A，VAISALA，芬兰），主要用来测定作物冠层上方范围空气温度（－80～60℃）和相对湿度（0～100%），温度测定精度分别为±0.2℃，相对湿度测定精度为±1.2%。

（2）降水量。观测站安装翻斗式雨量计（TE525MM，Campbell Scientific，美国），主要用来测量降水量。其测量分辨率为0.1mm/斗，为铝合金材质，防蚀防锈。

（3）大气压。观测站安装大气压力传感器（CS106，VAISALA，芬兰），可测量农田生态系统上方的大气压强。其测量精度为±0.3hPa。

（4）辐射。观测站安装辐射传感器（CNR4，Campbell Scientific，美国），主要用于长期连续观测冠层的太阳辐射状况，包括向上的短波辐射、向下的短波辐射、向上的长波辐射和向下的长波辐射。光谱测量范围为短波300～2800nm，长波4.5～42.0μm。

（5）土壤水分、温度、电导率。观测站安装了土壤水分、温度、电导率传感器（TDR315L，Acclima，美国），主要用于监测农田土壤含水量、温度、电导率的变化情况，可实现土壤温度、水分、电导度的同步观测。土壤水分观测分辨率为0.1%，介电常数为0.1单位分辨率，温度观测范围为−40～60℃，分辨率为0.1℃。研究中共埋设了4组不同深度的TDR315L土壤水分、温度、电导率传感器，埋设深度依次为地表以下10cm、20cm、40cm和60cm处土层。

（6）土壤平均温度。观测站配备了土壤平均温度传感器（TCAV - L，Campbell Scientific，美国），用于测量土壤表层6～8cm内的土壤平均温度，分别埋设在地表以下6cm和8cm处。温度传感器和土壤热通量板埋设位置相同，深度有区别。

（7）土壤热通量。观测站安装了2个土壤热通量板（HFP01，Campbell Scientific，美国），主要用于测定土壤表层热通量。测量范围为−2000～2000W/m^2，埋设深度为地表以下8cm。

（8）地下水水位。灌区建有地下水监测井，对地下水水位进行长期观测。

3.2.2 涡度相关数据处理

3.2.2.1 原始数据处理

涡度相关系统通量数据的处理主要包括高频数据处理和低频数据处理。随着涡度相关系统的广泛应用，国际通量网络和中国通量网络提出了一套包括数据采集处理、校正、质量控制、插补等过程的规范化数据处理流程，其基本流程如图3-1所示。

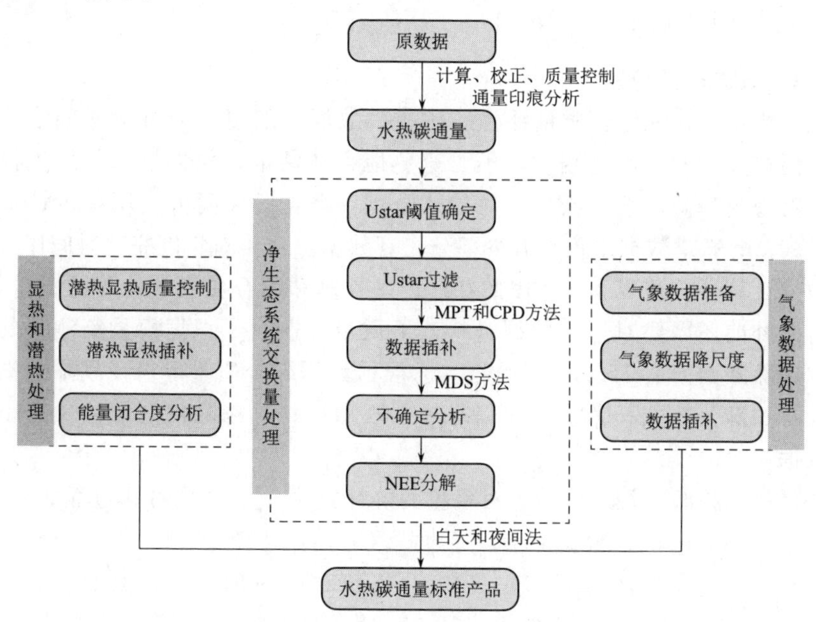

图3-1 涡度和气象数据的标准处理方法

涡度相关系统通过协方差的方法计算垂直方向的通量时，常通量层需要满足水平下垫面均匀、大气水热条件稳态、存储项为零等假设，但由于大气条件和作物生长状况的变异性及仪器自身缺陷等原因，上述假设所要求的理想条件在自然生态系统中很难达到，致使涡度相关系统观测的高频数据（10Hz数据）并不能代表作物冠层与大气间真实的物质与能量交换过程，观测数据中不可避免地会出现缺失值和异常值。如夜间时段大气条件稳定，不满足湍流产生的条件，以非湍流形式传输的物质和能量通量可能没有被涡度相关系统考虑，容易造成 CO_2 通量低估。因此涡度相关系统在通量计算时需要进行一系列的数据修正。

涡度相关系统观测得到的高频时间序列数据经仪器诊断过滤后，再经30min平均得到低频通量数据。该过程主要做以下修正处理：剔除异常值、二次坐标旋转、超声温度修正、密度校正（WPL校正）等[91-93]。另外根据湍流发展条件、大气稳定程度等因素对30min数据进行综合评价，最后输出含有质量等级的30min通量数据，数据质量从“优”至“差”划分为0～9级：0级数据为因系统或仪器故障缺失的数据；1～3级数据质量优良，可用于基础研究；4～6级数据质量较好，可用于一般研究；7～8级数据质量较差，根据情况决定是否保留（这部分数据有时优于插补数据，但不应该与它们在时间序列中的前后数据有显著差别）；9级数据质量最差，应删除。以上过程通过数据采集器（CR3000）中内置的LoggerNet 4.2.1软件实现。

3.2.2.2 数据质量控制

经过修正计算和综合质量评价后的通量数据一般以30min为时间步长进行保存，但在多年的观测过程中，不可避免地存在断电、仪器故障与维护校准等情况，另外受降雨、恶劣天气、原始“野点”数据、夜间大气层稳定性等因素影响，30min通量数据中仍然有少部分失真数据，这将对年度完整时间序列上的通量数据计算分析造成影响。因此经过修正计算和综合质量评价后的通量数据，在进行插补前还需要对通量数据进行以下质量控制：①根据雨量筒测得的降水数据，剔除降雨前后1h的通量数据；②根据数据综合质量等级，剔除数据质量等级为9的部分数据；③检验并剔除异常观测值；④剔除夜间摩擦风速小于阈值的数据。

异常值的检验采用中位数绝对偏差的统计方法[94]。主要方法过程如下：

对于每30min通量数据 EC_i，通过式（3-6）计算 d_i 值：

$$d_i = (EC_i - EC_{i-1}) - (EC_{i+1} - EC_i) \tag{3-6}$$

当 d_i 满足式（3-7）或者式（3-8）时，则认为 d_i 对应的 EC_i 为异常值，应当剔除。

$$d_i < Md - \left(\frac{z \cdot MAD}{0.6745}\right) \tag{3-7}$$

$$d_i > Md + \left(\frac{z \cdot MAD}{0.6745}\right) \tag{3-8}$$

式中：Md 为 d_i 的中位数；z 为敏感度系数。MAD 定义如下：

$$MAD = \text{median}(|d_i - Md|) \tag{3-9}$$

涡度相关系统观测在大气稳态条件下容易造成 CO_2 通量的低估，这种低估引起的系统偏差往往会造成年内 CO_2 通量累计值的异常。一般在夜间 u^* 较低时，CO_2 通量会随 u^* 的变化而变化，因此通过对 u^* 的阈值进行计算，除去通量数据中低于 u^* 阈值的数据。摩擦风速 u^* 阈值的计算方法主要有移动点检验法[95]、平均值检验法[96] 等。研究中 u^* 阈值的计算采用移动点检验法，主要过程为：首先将全年夜间 CO_2 通量数据集等分为 6 个温度组，每个温度组再等分为 20 个 u^* 小组，计算每个小组的 NEE 均值；按顺序判断每个小组均值是否高于后面所有小组平均通量的 95%，且同时保证在一个温度组内 u^* 和空气温度呈弱相关（$r<0.4$），则将该通量值对应的 u^* 值定义为该小组的 u^* 临界值。最后全年的 u^* 临界值定义为 6 个温度组中所有 u^* 临界值的中位数。

本书进行能量闭合验证、通量变化主控因素分析及模型参数的率定时不进行数据插补，仅选择质量等级较好的数据进行分析研究；当对通量数据进行日内平均或年内累积量计算时，需要先进行数据的插补，以形成完整时间序列的通量数据。

3.2.2.3 数据插补

仪器故障和数据质量控制等原因导致大量的通量数据缺失，根据 Falge 等[97] 对 FLUXNET 部分观测站点观测数据的统计，通量观测数据约有 17%～50%可能缺失或者被质量控制剔除。于贵瑞等[17] 对 ChinaFLUX 各站点的观测数据统计后显示，通量数据白天缺失率为 15.8%～37.2%，夜间缺失率为 48.9%～98.2%。Rim 等[98] 曾报道，突尼斯东北部 CapBon 半岛 Kamech 流域的农田生态系统，在数据质量控制后缺失比例 H 为 53%，LE 为 78%。通量数据的缺失会导致生态系统不同尺度的水热碳通量估算结果存在明显的差异，因此对缺失或质量控制剔除的数据进行插补是十分必要的。

研究主要对 2019 年 1 月 1 日—2022 年 12 月 31 日的观测数据进行处理分析，其中 2021 年下半年因仪器故障原因，缺失数据较多，无法形成较为完整的时间序列数据，故研究中 2021 年的有关研究仅包括 1—7 月。通量数据经过数据质量控制后（含仪器故障缺失情况），白天各类通量数据缺失率为 14.2%～34.6%，夜间各类通量数据缺失率为 20.5%～63.4%。观测器内白天的通量数据缺失率明显低于夜间，说明夜间受大气稳定度的影响，湍流发展不充分，数据质量相对较差，被质量控制剔除的数据较多。CO_2 通量数据缺失率比 LE、H 高，主要是 CO_2 通量夜间数据较多不满足湍流条件，约62%的数据因摩擦风速小于 u^* 阈值在质量控制过程中被过滤掉。总体来看通量观测数据缺失率在FLUXNET和ChinaFLUX观测站点数据缺失范围之内，同时对比了杨萍[99]、乔英[100] 在我国西北干旱荒漠区有关研究中的数据缺失情况，试验观测在西北干旱区，风沙较大，天气条件较为恶劣，观测数据缺失在正常范围内。

由于不同生态系统的差异性及数据缺失的原因不同，通量数据插补的方法有很多种。目前文献中出现较多的数据插补方法包括以下几种：

(1) 查表（LUT）法。查表法通常将一年划分为4个季节或6个双月时段，建立该观测站点气象因素条件下的通量数据索引表，根据缺失数据时间点的气象条件在索引表中查找相似气象条件下的通量值来代替缺失值。现有研究中通常选择温度和光强作为气象条件索引因子。查表法插补较好地考虑了缺失数据时间点对应的气象条件，一般可用于缺失数据时间段较短情况的数据插补。

(2) 平均昼夜变化曲线（MDV）法。平均昼夜变化曲线法指对缺失数据采用临近时间窗口内同时刻数据的平均值进行填补，一般分为独立窗口和滑动窗口两种方式，其插补精度主要取决于选取窗口的大小，一般窗口大小选取4～15d。独立窗口法一般采用特定窗口在该时刻的所有有效观测数据平均值来代替缺失的数据，滑动窗口法则使用指定大小窗口内的所有有效观测数据的平均值来代替缺失值。但平均昼夜变化曲线法插补没有考虑缺失数据时间点对应的气象条件，一般可在气象数据缺失的条件下使用。

(3) 边际分布抽样（MDS）法。边际分布抽样法结合了查表法和平均昼夜变化曲线法，同时考虑通量数据与主要气象因素之间的相关关系以及通量数据在时间上的自相关关系，分三种情况插补数据：①当气温、总辐射及饱和水汽压差观测数据同时存在时，在缺失数据±7d时间窗口内用相似气候条件下（总辐射、气温、饱和水汽压差偏差分别小于50W/m^2、2.5℃、5hPa）的通量平均值进行插补缺失数据；②当仅有总辐射数据可用时，以总辐射偏差小于50W/m^2 作为相似气候控制条件，用缺失数据±7d时间窗口内的通量平均值插补缺失数据；③当气温、总辐射及饱和水汽压差均缺失时，用前后1h内的相邻数据或一天的平均值插补缺失数据。如果上述过程±7d时间窗口内没有相似的气象条件，则以7d为步长增加窗口长度并重复以上过程，直到缺失数据插补完成。该方法可针对较长时段缺失的通量数据进行插补，被FLUXNET用作标准的数据插补方法之一。

(4) 人工神经网络（ANN）法。人工神经网络法是基于自学习的非线性回归模型插补方法。通常将气温、总辐射、饱和水汽压差等气象因子作为输入变量，构建气象因子与通量数据间的“黑箱”数据模型，进而输出缺失数据的预测值。有研究表明，人工神经网络法更适合短时间缺失数据的插补。

(5) 非线性回归（NLR）法。非线性回归法主要是基于现有数据建立气象因子与通量数据之间的经验方程，进而根据通量缺失时段的气象因子估算缺失的通量数据。现有研究中通常采用呼吸方程（适用于夜间）和光响应方程（适用于白天）插补 CO_2 通量数据。

最近几年，从事理论研究的学者们对比研究了不同的插补方法，Falge 等[97] 最早较为全面地对比了 MDV、LUT、NLR 等插补方法对 NEE、LE 和 H 的影响。时元智[101] 分别以水稻、小麦-夏玉米轮作为对象，对比了 MDV、NLR、ANN 等插补方法对农田生态系统通量计算的影响。乔英[100] 采用交叉验证的方法评价了 MDS 插补方法对干旱区枣林水碳通量及能量平衡的计算精度。考虑其他学者对不同插补方法的评价，MDS 插补法是理论依据充分，且对不同缺失时间范围均有效的插补方法。故本书采用近年来相关研究中使用较多的边际分布抽样法进行缺失数据插补，插补过程借助 R 语言 ReddyProc 包，同时可以实现 u^* 阈值的计算及质量控制。

由于观测仪器断电等原因，同样存在气象数据（如辐射、温度、降水、湿度等）缺失的情况，对于气象数据的插补采用以下两种方式：①当缺失时间段小于 12h 时，采用线性插值的方法进行插补；②当缺失时间段大于 12h，采用景泰气象站的逐小时数据进行插补。

3.2.3 表面参数计算

作物与大气间的水分和能量交换主要通过叶片尺度的气孔进行，冠层导度（G_c）是叶片气孔在冠层尺度的集中表现，冠层导度受到大气温度、大气湿度、土壤水分和太阳辐射的共同影响。通常选用 G_c 和 Priestley - Taylor 系数（α）来揭示作物蒸散发特性及能量传输控制机理。

冠层导度可通过 Penman - Monteith 公式逆向求解得到：

$$G_c = \frac{\gamma LE G_a}{\Delta(R_n - G) + \rho_a C_p VPD - LE(\Delta + \gamma)} \tag{3-10}$$

式中：G_c 为冠层导度，m/s；LE 为潜热通量，MJ/(m^2 · d)；R_n 为太阳净辐射，MJ/(m^2 · d)；G 为土壤热通量，MJ/(m^2 · d)；ρ_a 为空气密度，1.2kg/m^3；C_p 为空气比热容，1004.7J/(kg · K)；Δ 为饱和水汽压与温度关系的斜率，kPa/℃；γ 为湿度计常数，kPa/℃；VPD 为空气饱和水汽压差，kPa；G_a 为空气动力学导度，m/s。

空气动力学导度（G_a）由 Monteith - Unsworth 公式近似得到：

$$G_a = \left[\frac{u}{u^{*2}} + 6.2(u^*)^{-2/3}\right]^{-1} \tag{3-11}$$

式中：u 为平均风速，m/s；u^* 为摩擦速度，m/s。

Priestley - Taylor 系数（α）定义为实际蒸散发量（ET_a）与平衡蒸发量（ET_{eq}）之比，即 $\alpha = ET_a / ET_{eq}$，其中平衡蒸发量由 Priestley - Taylor 公式计算：

$$\lambda ET_{eq} = \frac{\Delta}{\Delta + \gamma}(R_n - G) \tag{3-12}$$

当 $\alpha \geqslant 1$ 表示土壤水分充足，此时地表蒸散量主要受控于湍流能 $R_n - G$；在干旱半干旱地区，通常由于降雨稀少，土壤含水率较低，$\alpha < 1$。

波文比是显热通量与潜热通量的比率，即

$$\beta = \frac{H}{LE} \tag{3-13}$$

3.2.4 碳通量数据计算

生态系统通过光合作用从大气中吸收并固定的碳称为生态系统总初级生产力（GPP），生态系统通过呼吸作用向空气释放的碳称为生态系统呼吸（R_e），光合与呼吸作用叠加后的净碳交换量称为净生态系统碳交换量（NEE），即为涡度相关系统测得的碳通量结果。光合作用与呼吸作用是两种截然不同的生理过程，要对 GPP 与 R_e 的变化过程机制进行研究，需要将 NEE 分解为 GPP 和 R_e 两部分后分别研究其在不同时间尺度上的变化特征。在夜间，生态系统光合速率为零，此时 $NEE = R_e$，即此时涡度相关系统观测到的 NEE 即为 R_e，日间的 NEE 是 R_e 和 GPP 之差。夜间的 NEE 主要受到空气温度的影响，日间 NEE 主要受到 PAR 的影响，所以 NEE 的划分有两种方法，即日间光响应曲线法和夜间呼吸温度关系法。其中夜间呼吸温度关系法在研究中应用更多，本书研究中采用夜间呼吸温度关系法对 NEE 进行分解。在大气稳定度较低时，建立夜间 NEE 与空气温度的相关关系，将建立的关系应用到日间求得日间的 R_e，日间的 NEE 与计算的 R_e 之差即为日间的 GPP。研究中采用国际通量网推荐的 Reichstein 等[102] 提出的 NEE 拆分方法，其主要运算过程包含 u^* 阈值的检验、MDS 数据插补法和 NEE 短期温度关系分解等，其中，夜间 R_e 与 T_a 的函数关系采用式（3-14）所示的指数回归模型：

$$R_e = R_{\text{ref}} \exp\left[E_0\left(\frac{1}{T_{\text{ref}} - T_0} - \frac{1}{T_{\text{air}} - T_0}\right)\right] \tag{3-14}$$

式中：T_0 为常数，设定为 -46.02℃；E_0 为决定温度敏感性的活化能参数，是一个自有参数；T_{ref} 为参考温度，设定为 10℃；T_{air} 为大气温度。

涡度相关系统观测得到 NEE 等于 R_e 与 GPP 之差（本书中 NEE 为负值时代表向下的通量，即为碳汇）：

$$NEE = R_e - GPP \tag{3-15}$$

NEP 是指净初级生产力加上异氧呼吸，在年尺度上存在 NEP 的和与 NEE 的和相等，NEP 加上自然和人为干扰（如病虫害、火灾、森林采伐及农林产品收获等）后的生产力为净生物群区生产力（NBP）：

$$NBP = NEP + C_{gr} \tag{3-16}$$

$$C_{gr} = (1 - W_g) f_c Y \tag{3-17}$$

式中：C_{gr} 为因收获而获得的碳输出，g/m^2；Y 为作物的产量，kg/m^2；W_g 为收获作物籽粒中的水分含量；f_c 为玉米的碳含量，g/kg。

生态系统呼吸的温度敏感性系数（Q_{10}）采用式（3-18）、式（3-19）计算：

$$R_e = \Psi \exp(bT_s) \tag{3-18}$$

$$Q_{10} = \exp(10b) \tag{3-19}$$

式中：Ψ 和 b 为待拟合参数。

3.2.5 水分利用效率计算

从水源到作物产量的形成，灌溉水通过以下 4 个过程进行：由水源经沟渠或水管向农田的过程（其输水效率称为渠系水分利用系数）；灌溉水传输和下渗并转化为土壤水的过程（其效率称为田间水利用效率）；作物吸收并利用土壤水分维持生长过程；作物成熟后形成经济产量过程。前两个过程用水效率被称作灌溉用水利用效率，后两个过程为水分利用效率（WUE）。灌溉用水利用效率反映灌溉水在大田中被消耗掉的部分，有多少被用于作物的蒸散上。总降水量减去降水截流量称作有效降水量，降水的截留量可以根据刘昌明等[103] 提出的公式来计算，则田间灌溉水利用效率可表示为

$$\eta = \frac{ET - P_N}{I} \tag{3-20}$$

式中：η 为田间灌溉水利用效率；P_N 为有效降水，mm；I 为灌溉量，mm。

作物水分利用效率（WUE）是反映生态系统冠层尺度水碳耦合状态的重要指标之一。WUE 是植物光合过程中所吸收的二氧化碳与水分的比值。在 WUE 的定义中，水分消耗量的衡量可以按照 ET 或者 T 两个尺度进行，在农业生产实践中，通常选择灌溉与降水量之和作为水分消耗量。而作物产量的衡量可以选择 GPP、NPP 或者是经济产量等不同角度进行计算。从叶片尺度来看，水分利用效率是指光合作用和蒸腾作用之比。假定叶片与空气的温度是一样的，

则 $c_i - c_a$ 近似等于空气的 VPD。因此，叶片尺度 WUE 可以表示为

$$WUE = \frac{c_a\left(1-\frac{c_i}{c_a}\right)}{1.6VPD} \tag{3-21}$$

式中：c_a 和 c_i 分别为大气和叶片内的 CO_2 分压值，hPa。

当采用 VPD 对 WUE 进行标准化后变为

$$WUE_{VPD} = \frac{c_a\left(1-\frac{c_i}{c_a}\right)}{1.6} \tag{3-22}$$

大量研究表明，c_i/c_a 在理想环境条件下恒定不变，其中，C_3 植物为 0.7，C_4 植物为 0.4，因此当大气中的 CO_2 浓度 c_a 恒定时，WUE_{VPD} 也保持稳定。

冠层尺度的水分利用效率可以按式（3-23）简单计算：

$$WUE = \frac{GPP}{ET} \tag{3-23}$$

式中：GPP 为总初级生产力，g/(m^2 · d)；ET 为蒸散发量，mm/d。

考虑 ET_0 的影响，可以采用 ET_0 对 WUE 进行标准化处理以消除环境因子对 WUE 的影响[26]：

$$WUE_{ET_0} = \frac{GPP \cdot ET_0}{ET} \tag{3-24}$$

按照 Beer 等[104] 所述，对于给定的 VPD，$1-c_i/c_a$ 为一个固定值，但该值随着 VPD 的增大而增大。因此，在将 VPD 效应考虑在内时，作物内在水分利用效率（$IWUE$）为

$$IWUE = \frac{GPP \cdot VPD}{ET} \tag{3-25}$$

在此基础上，Zhou 等[105] 提出了生态系统的潜在水分利用效率理论，并定义了表观潜在水分利用效率（$uWUE_a$）和潜在水分利用效率（$uWUE_p$）：

$$uWUE_a = \frac{GPP\sqrt{VPD}}{ET} \tag{3-26}$$

$$uWUE_p = \frac{GPP\sqrt{VPD}}{T} \tag{3-27}$$

在农业中，计算宏观水资源利用效率时为便于理解，一般定义为作物产量与耗水量的比值，即作物消耗单位质量的水得到的作物产量，耗水量可以用蒸散发量或降雨与灌溉量之和来表达。因此农业生产水平下的水分利用效率 WUE_Y 可以被表达为

$$WUE_{Y\_ET} = \frac{Y}{ET} \tag{3-28}$$

$$WUE_{Y\_PRE+I}=\frac{Y}{PRE+I} \tag{3-29}$$

式中：Y 为作物产量，kg/m^2；PRE 为降水量，mm；I 为灌溉量，mm。

3.2.6 作物蒸腾与土壤蒸发分离方法

陆地生态系统蒸散发（ET）主要由作物蒸腾（T）和土壤蒸发（E）两部分组成。传统试验观测方法中通常采用茎流计和蒸渗仪等方法分别对作物蒸腾和土壤蒸发进行观测，进而实现蒸散发的分离。但目前 T 和 E 的现场观测仅能在点尺度上进行，其观测数据与涡度相关系统观测的冠层尺度不匹配，可能导致出现水量不闭合情况，且不能得到连续时间序列的蒸散发分离结果。本书中采用 Zhou 等[105] 提出的基于生态系统潜在水分利用效率（$uWUE$）的蒸散发分离方法。该方法一方面假定下垫面植被覆盖类型均一条件下，生态系统潜在水分利用效率（$uWUE_p$）基本保持稳定；另一方面假定作物生长过程中，当地面植被覆盖度较高或者表层土壤水分含量很低时（E 几乎为 0），生态系统中的 T 在某些时期存在近似等于 ET 的情况，此时生态系统表观潜在水分利用效率（$uWUE_a$）近似等于潜在水分利用效率（$uWUE_p$）。基于以上假定，则认为 $uWUE_a$ 的实际变化主要是由于土壤蒸发（E）造成的，因此采用实测的 ET、$uWUE_a$ 和 $uWUE_p$ 按照式（3－26）、式（3－27）和式（3－30）估算植物的蒸腾 T：

$$\frac{T}{ET}=\frac{uWUE_a}{uWUE_p} \tag{3-30}$$

其中，$uWUE_p$ 可采用 Zhou 等[105] 提出的利用 $GPP\cdot VPD^{0.5}$ 和 ET 第 95 分位数回归的方法估算，GPP 首先根据边际分布抽样（MDS）方法对 NEE 进行插补，然后将插补后的 NEE 利用夜间呼吸温度关系法进行分解，即可得到总初级生产力（GPP）和生态系统呼吸（R_e）。

3.2.7 作物系数计算

作物系数分为单作物系数和双作物系数，将作物蒸腾和土壤蒸发整体考虑时即为单作物系数（K_c），将作物蒸腾和土壤蒸发分别考虑时即为双作物系数，双作物系数包括土壤蒸发系数（K_e）和基础作物系数（K_{cb}），计算方法如下：

$$K_c=\frac{ET}{ET_0} \tag{3-31}$$

$$K_e=\frac{E}{ET_0} \tag{3-32}$$

$$K_{cb}=\frac{T}{ET_0} \tag{3-33}$$

式中：ET 为涡度相关系统观测的作物实际蒸散发量（等同于 ET_a），mm；E 为土壤蒸发量，mm；T 为作物蒸腾量，mm；ET_0 为参考作物蒸散发量，mm。ET_0 采用FAO－56推荐的方法进行计算：

$$ET_0=\frac{0.048\Delta(R_n-G)+\gamma\frac{900}{T+237}u_2(e_s-e_a)}{\Delta+\gamma(1+0.34u_2)} \tag{3-34}$$

式中：u_2 为2m处的风速，m/s；e_s 为饱和水气压，kPa；e_a 为实际水汽压，kPa。

FAO－56给出了世界范围内不同地区不同作物的作物系数参考值，成为制定灌溉制度的有效途径[106]。但某个地区的作物系数往往因气候条件、灌溉方式、作物种类及田间管理措施的不同而不同，因此要准确地指导当地灌溉制度，需要对FAO－56中的 K_c 值进行修正，以确定与当地气候条件相适应的 K_c。在FAO－56确定的作物系数曲线中，生长初期和生长中期为水平直线，即认为这两个时期，K_c 为固定值，分别用 $K_{c\text{-}ini}$ 和 $K_{c\text{-}mid}$ 表示；在生长最后阶段定义为 $K_{c\text{-}late}$，快速生长期和生长后期 K_c 呈线性变化。FAO－56同样给出了对不同地区 $K_{c\text{-}ini}$、$K_{c\text{-}mid}$、$K_{c\text{-}late}$ 的参考值调整的方法，主要考虑了当地气候条件、土壤类型、灌溉方式及田间管理措施等。其中，$K_{c\text{-}ini}$ 调整需要考虑灌溉和降雨频次等；$K_{c\text{-}mid}$ 调整则考虑当地风速、相对湿度、作物高度等因素，具体公式为

$$K_{c\text{-}mid\text{-}a}=K_{c\text{-}mid\text{-}s}+[0.04(u_2-2)-0.04(rH_{\min}-45)]\left(\frac{h}{3}\right)^{0.3} \tag{3-35}$$

式中：$K_{c\text{-}mid\text{-}a}$ 为FAO－56给定标准条件下的 $K_{c\text{-}mid}$ 根据当地条件调整后的参考值；$K_{c\text{-}mid\text{-}s}$ 为FAO－56给定标准条件下的 $K_{c\text{-}mid}$ 参考值；u_2 为2m处的平均风速；$rH_{\min}$ 为空气的平均最小相对湿度；h 为作物生长中期平均高度。$K_{c\text{-}late}$ 的调整方法与式（3－35）相同，式中参数取值依据生长后期对应的气象条件。

3.2.8 农田土壤水量平衡计算

农田作物根区土壤水量平衡计算公式为

$$I+PRE=ET+R+DP-CR\pm\Delta SF\pm\Delta SW \tag{3-36}$$

式中：I 为研究时段内的田间灌溉量；PRE 为天然降水量；ET 为作物实际蒸散发量（ET_a）；R 为田间形成的地表径流；DP 为土壤深层渗漏量；CR 为土壤中毛细管上升水量；DP-CR为土壤深层水分交换量 EF；ΔSF 为地下土壤水分的水平运移量；ΔSW 为土壤贮水量的变化。公式中各变量的单位均为mm。在干旱区，由于降水少，通常不会出现地面径流，故 R 值可忽略不计；本书中研究区地势平坦，土壤水分的横向交换 ΔSF 基本不受影响。由此得出小麦、玉

米农田土壤深层换水量可被简化为

$$EF = I + P - ET - \Delta SW \tag{3-37}$$

利用涡度相关系统观测计算出蒸散发，土壤水分传感器观测土壤水分，雨量计观测降水，进而计算深层水分交换量。研究中由于连续的土壤水分观测传感器最大埋设深度为60cm，因此计算土壤深层水分交换时土壤控制体选择为60cm以上土体。

土壤贮水量变化通过观测时段内土壤含水率的变化确定，土壤贮水量变化按式（3－38）计算[10]：

$$\Delta SW = \sum 10\Delta\theta h \tag{3-38}$$

式中：ΔSW 为观测深度内（60cm）的土壤贮水量，mm；$\Delta\theta$ 为不同深度土层的体积含水率变化，m^{-3}/m^3；h 为土壤水分传感器所代表的各层土壤厚度，cm。

土壤含盐量与土壤电导率存在一定的数量关系，本书中土壤含盐量的计算参考文献［107］：

$$y = 0.1609x^2 + 2.9176x - 0.0141 \tag{3-39}$$

式中：y 为土壤含盐量，g/kg；x 为土壤电导率，dS/m。

3.2.9 通径分析方法

通径分析是一种类似于多元回归分析的方法，由于其可以排除多个自变量之间的潜在影响，故该分析方法常用于研究自变量对因变量既存在直接影响又存在间接影响的情况，近年来应用广泛[108-109]。作物的蒸散发受到多个微气象因子（R_n，T_a，T_s，VWC，VPD，u，rH）的影响，但这些气象因子相互之间可能存在相互影响关系，即变量之间可能存在非独立情况，因此可以采用通径分析研究微气象因子对 ET、NEE、R_e、GPP 的直接影响和间接影响。

环境因子对 ET 或 G_c 的直接影响可通过回归方程回归系数归一化处理得到，环境因子变量对目标对象的间接影响则通过每一条影响路径的归一化回归系数相加得到。计算公式可表示为

$$ET = f(T_a, T_s, R_n, VPD, VWC, u, rH) \tag{3-40}$$

$$NEE = f(T_a, T_s, R_n, VPD, VWC, u, rH) \tag{3-41}$$

$$R_e = f(T_a, T_s, R_n, VPD, VWC, u, rH) \tag{3-42}$$

$$GPP = f(T_a, T_s, R_n, VPD, VWC, u, rH) \tag{3-43}$$

归一化方法为

$$\bar{\theta} = \frac{\theta - M(\theta)}{\sigma} \tag{3-44}$$

式中：$\bar{\theta}$ 为 θ 的归一化形式；M（θ）为 θ 的平均值；σ 为 θ 的方差。

3.3 能量平衡闭合验证

3.3.1 能量平衡评价方法

根据热力学第一定律，对于生态系统而言，各个能量分量应满足如下的能量平衡方程：

$$LE + H = R_n - G - S - Q \tag{3-45}$$

式中：LE 为潜热通量，W/m^2；H 为显热通量，W/m^2；R_n 为净辐射通量，W/m^2；G 为土壤热通量 W/m^2；S 为冠层热储量，W/m^2，小麦、玉米均为矮秆作物，S 通常忽略不计[110]；Q 为附加能量的源汇总和，但因其值与其他各项相比较小，同样忽略不计[111]。

在观测过程中，土壤热通量通过埋设在地下的热通量板进行观测，土壤热通量板与地表间土壤热储量对土壤热通量观测值存在影响，特别是草原、农田等土壤热储量对能量平衡存在较大影响。因此，对土壤热通量板以上部分的土壤热储量进行计算，并由此对观测的土壤热通量进行校正。

能量平衡闭合是指通过涡度相关系统直接观测的湍流能量（$LE+H$）与有效能量（R_n-G）之间理论上应该是相等的，但在研究中发现湍流通量和有效能量之间通常存在不闭合现象。能量不闭合的原因主要包括：①不同有效能量观测仪器的空间代表性产生的影响；②涡度相关系统对高、低频湍流通量的低估而产生系统误差；③忽略了光合作用等对能量吸收项的影响；④存储项的影响；⑤大气层结构稳定情况下平流效应的影响。

评价能量平衡闭合状况的方法主要包括线性回归法、能量平衡比率法和能量平衡相对残差分布法等。本书中采用线性回归法对研究区玉米、小麦农田生态系统的能量平衡情况进行分析。线性回归法是对单位时间内的湍流通量和有效能量使用最小二乘法进行回归分析。在理想状况下，湍流通量和有效能量拟合得到的线性回归方程的斜率应为1，截距为0（即过原点），即

$$LE + H = K(R_n - G) + C \tag{3-46}$$

式中：K 为回归直线的斜率；C 为截距。

3.3.2 能量平衡闭合分析

对2019—2022年的30min通量数据进行回归分析，得到观测站全年及生长季的能量闭合度结果，如图3-2所示。2019—2022年观测期内能量闭合度整体为0.72，生长季能量闭合度为0.74。在2019年和2021年小麦生长季节，能量闭合度为0.76；2020年和2022年玉米生长季节，能量闭合度为0.79，比小麦

的能量闭合度较高。从能量闭合回归参数来看，方程的截距在 2.16～3.91W/m²，相对稳定且差异不大；决定系数 R^2 变化范围为 0.817～0.844。

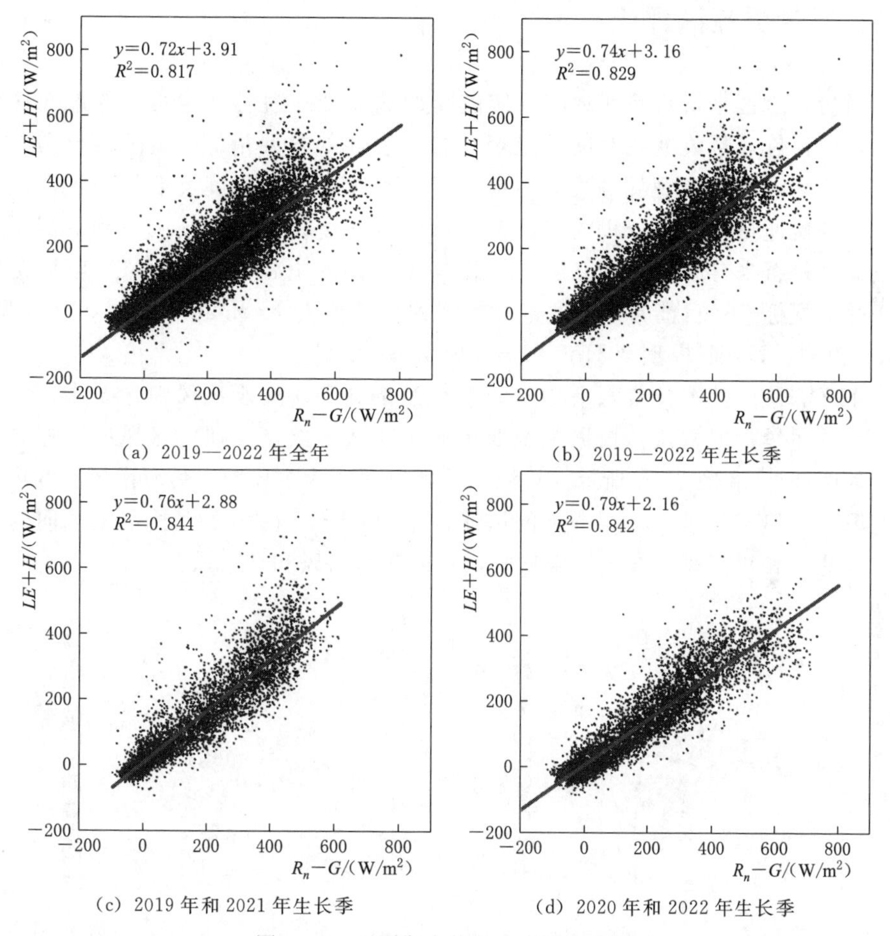

(a) 2019—2022 年全年

(b) 2019—2022 年生长季

(c) 2019 年和 2021 年生长季

(d) 2020 年和 2022 年生长季

图 3-2　观测期内能量平衡闭合情况

整个观测期全年的能量闭合度略低于生长季，可能原因是生长季太阳净辐射和农田蒸散量较大，湍流能及有效能观测更为精确，相对误差较小。玉米生长季能量闭合度比小麦明显较高，这可能与小麦、玉米的耗水量有关，且该地区小麦生长季较短，玉米生长季较长，蒸散量更大。用于能量平衡验证的数据点虽然经过了异常值剔除等质量控制，但由图 3-2 可以看出回归直线的两侧均分布有离散数据点，这些离散数据点的能量闭合度明显较低，说明西北旱区农田生态系统能量不闭合情况是普遍存在的。FLUXNET 诸多站点能量闭合对应的 K 值在 0.53～0.99，C 值在−32.9～36.9W/m²，ChinaFLUX 部分站点能量闭合对应的 K 值在 0.49～0.81，C 值在 10.8～79.9W/m²。由此可知，本次研究所得到的能量闭合度是在合理范围内的。

3.4 通量贡献区评价

通量贡献区是指对涡度观测系统测得的湍流交换过程产生贡献的地面区域范围，是评价通量数据在空间上是否具有代表性的重要指标。贡献区范围的大小主要受到涡度系统观测高度、风向、风速、大气稳定程度及下垫面粗糙度等影响。开展通量贡献区分析的目的是评价确定涡度相关系统观测得到的能量和物质通量是否来自于目标研究区，一般考虑90%的贡献率作为通量贡献区范围分析的依据标准。目前常用的通量贡献区评价方法有Kormann-Meixner模型、Kljun模型、Hsieh模型及Horst-Weil模型等[112-113]。

本观测站内基本具备水平均质的下垫面条件和涡度观测风浪区要求，为进一步评价通量数据质量，根据观测期风速风向数据绘制了研究区风向风速分布图，如图3-3和图3-4所示。观测站主要以西风为主风向，另有南风和北风为次主风向，但不明显；0～4m/s的风速占绝对优势。在小麦生长季主风向为西风、西北风和东南风；在玉米生长季，主风向为西风和东南风。

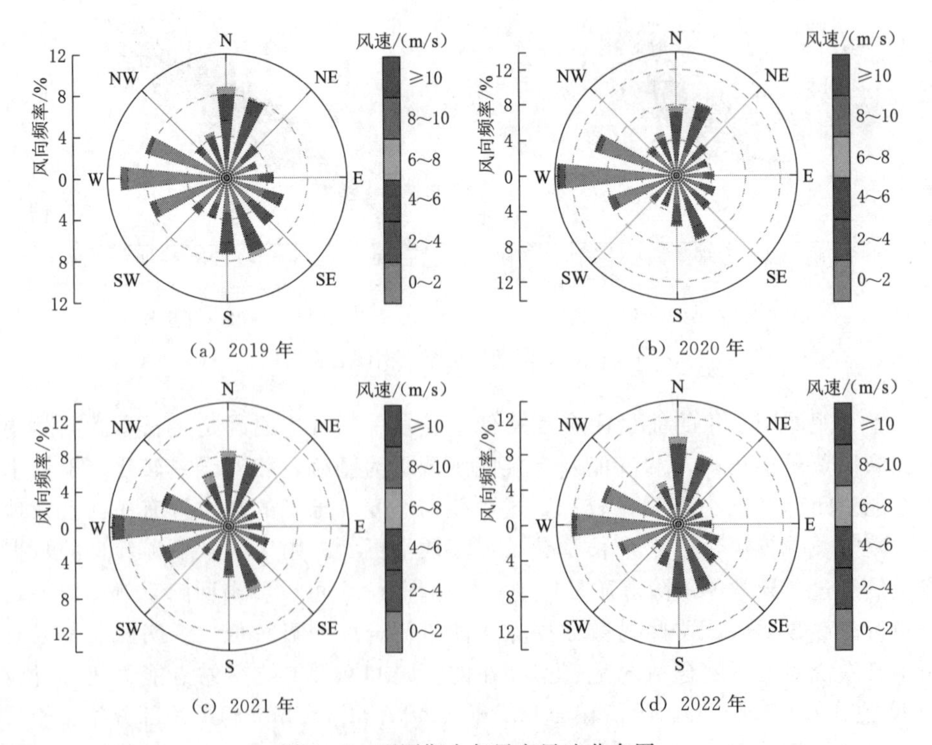

图3-3 观测期全年风向风速分布图

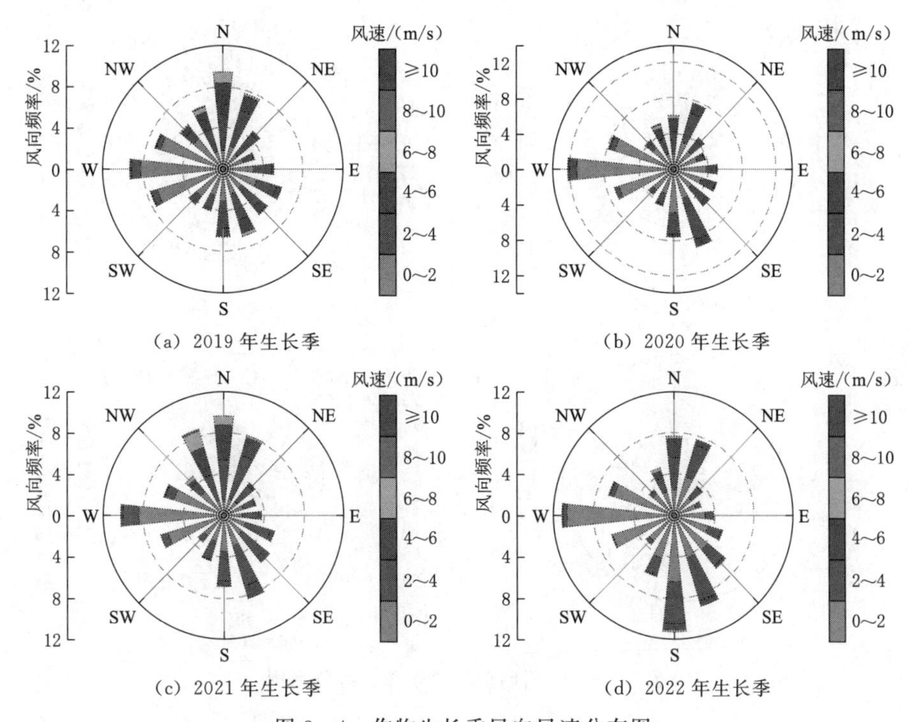

图 3-4 作物生长季风向风速分布图

采用应用较为广泛的 Kormann-Meixner 模型和 Kljun 贡献区评价模型，计算得到每 30min 风向和对应时刻不同贡献率（40%、55%、90%）的源区距离，按风向每 15°为一组绘制不同风向对应不同贡献率的源区距离分布图，如图 3-5 和图 3-6 所示。观测站的通量贡献区相对比较稳定，分布均匀。各个方向上 2019—2022 年 90% 通量贡献率的源区与观测塔的最大距离分别为 68.7～102.1m、63.2～97.9m、61.5～102.4m、38.3～104.1m；2019 年和 2021 年小麦生长季 90%通量贡献率的源区与观测塔的最大距离分别为 69.6～103.0m、59.7～104.7m，2020 年和 2022 年玉米生长季 90%通量贡献率的源区与观测塔的最大距离分别为 44.9～88.7m、41.9～81.2m。玉米生长期 90%通量贡献率源区范围比小麦略小，这可能与玉米生长高度比小麦高有关。

观测站点基本位于灌溉试验站的中心位置，在观测站的主方向（西风）的上风向、下风向灌溉试验站内外均为大面积农田，次主风向南风的上风向 140m 范围内和次主风向北风的上方向 150m 范围内均为农田，种植作物相同均为小麦（2019 年和 2021 年）和玉米（2021 年和 2022 年），管理和耕作措施基本一致，因此可以相信该涡度观测的通量数据来源范围在目标研究农田区域内，观测数据具有一定代表性。

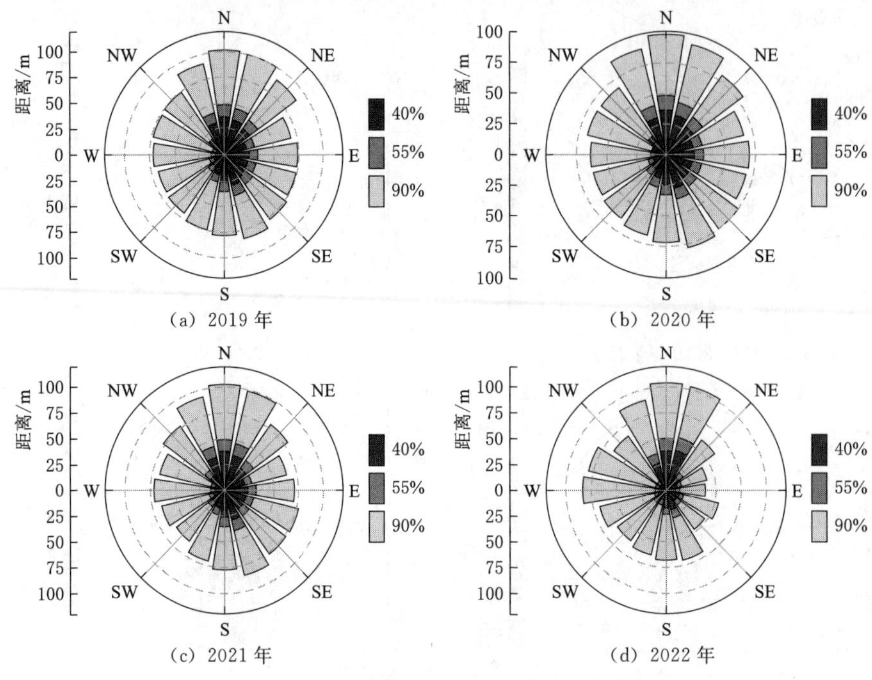

(a) 2019年 (b) 2020年

(c) 2021年 (d) 2022年

图3-5 观测期全年通量贡献区范围图

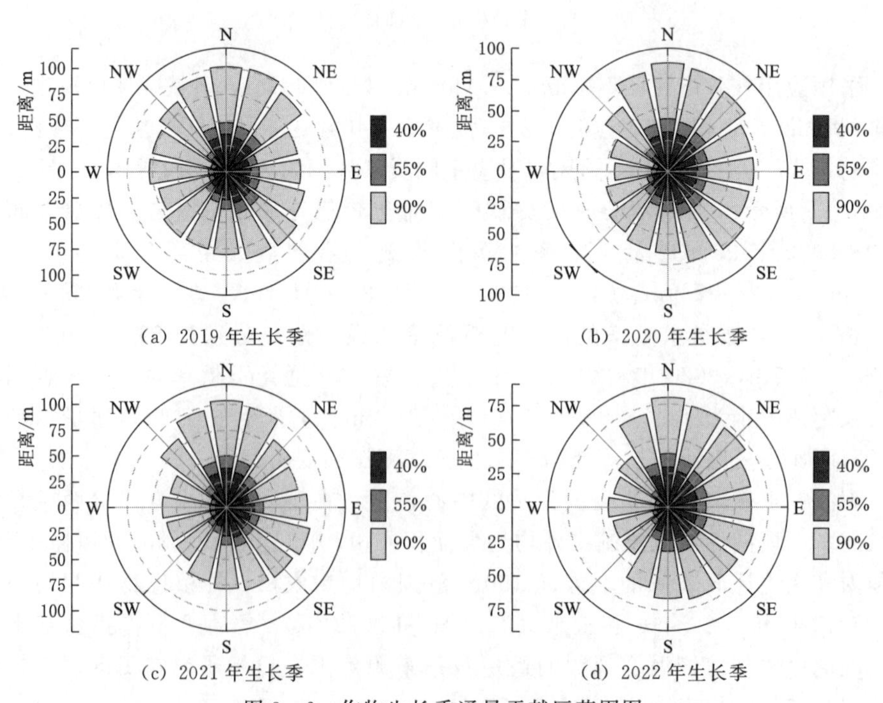

(a) 2019年生长季 (b) 2020年生长季

(c) 2021年生长季 (d) 2022年生长季

图3-6 作物生长季通量贡献区范围图

3.5 本章小结

本章在介绍研究区基本情况和观测期田间管理情况的基础上，着重介绍了涡度相关观测数据的处理过程、30min 通量数据的质量控制方法、数据插补过程及其他基本数据计算方法，通过能量平衡闭合验证和通量贡献区分析，对涡度相关观测数据的质量和代表性进行了评价，得出主要结论如下：

（1）观测站 4 年涡度观测数据经质量控制后，白天通量数据缺失率为 14.2%～34.6%，夜间通量数据缺失率为 20.5%～63.4%，其中 62%的碳通量缺失数据是因 u^* 小于阈值而在质量控制过程中被过滤掉的，所研究的观测数据缺失率在正常范围内。

（2）2019—2022 年观测期内能量闭合度整体为 0.72，生长季能量闭合度为 0.74，即全年尺度的能量闭合度略低于生长季尺度；小麦生长季两年的能量闭合度为 0.76，玉米生长季两年的能量闭合度为 0.79，即小麦生长季的能量闭合度高于玉米生长季，观测数据能量闭合度在合理范围内。在观测站主方向（西风）的上风向和下风向，灌溉试验站内外均为大面积农田，通量贡献区范围均落在目标研究区内，观测数据具有一定空间代表性。

第4章 农田生态系统水热时程演变趋势与响应

在我国西北干旱灌区内，长期大量的引水灌溉活动和特殊的自然气候条件致使农田生态系统形成了较为独特的水分传输和能量交换过程。太阳辐射是农田生态系统的能量来源，能量传输往往以水为载体，因此能量在不同尺度的变化过程影响着陆地与大气间的水分传输过程。农田生态系统的能量分配与蒸散发过程具有较大的季节、年份和区域变异性，这些变异性一方面受到气候变化、植被生长等自然条件的影响；另一方面受到作物种植、农田灌溉等人类活动影响。例如，潜热是农田生态系统水分和能量平衡的重要组成部分，灌溉可能导致显热的水平向流动，从而导致显热通量减小，潜热通量明显增加。另外，灌区内农业生产主要依靠引水灌溉，灌溉水经入渗转换为地下水和土壤水，因此地下水位和土壤含水量受到灌溉量的影响。土壤含水量在农田生态系统水循环中起着主导作用，土壤温度通过影响土壤蒸发进而引起土壤贮水量的变化，土壤贮水量变化往往又伴随着盐分的运移，因此土壤盐分与土壤水热过程存在响应关系。长期的地面灌溉及不合理的灌排措施导致灌区地下水位缓慢上升，地下水位变化同样影响土壤水分及盐分的运动，特别是在地下水浅埋区容易引起土壤盐渍化发展。明晰干旱区农田地面灌溉条件下水热通量变化特征、影响因子及分配特性，揭示土壤水热盐时空分布变化及其响应关系，对干旱区农田生态系统减少无效蒸发、降低灌溉水量、改善水土环境等具有重要意义。

本章主要基于涡度相关系统观测数据，分析干旱区小麦、玉米农田生态系统能量通量在不同时间尺度上的变化规律，探讨农田能量通量传输与分配机制；分析蒸散发及表面参数的季节变化过程特征，研究蒸散发对生物及环境因子的影响机制，确定各环境因子对蒸散发的直接影响和间接影响；在分析灌区土壤水热盐时空分布变化特征的基础上，探讨土壤盐分变化与水热过程的响应关系。

4.1 微气象因子变化特征

分析陆地生态系统和大气间水、热、碳交换特征，有必要首先掌握观测时段内气象要素的变化特征。在2019—2022年观测期内，观测站主要气象因子变化情况如图4-1所示，年特征值统计见表4-1。

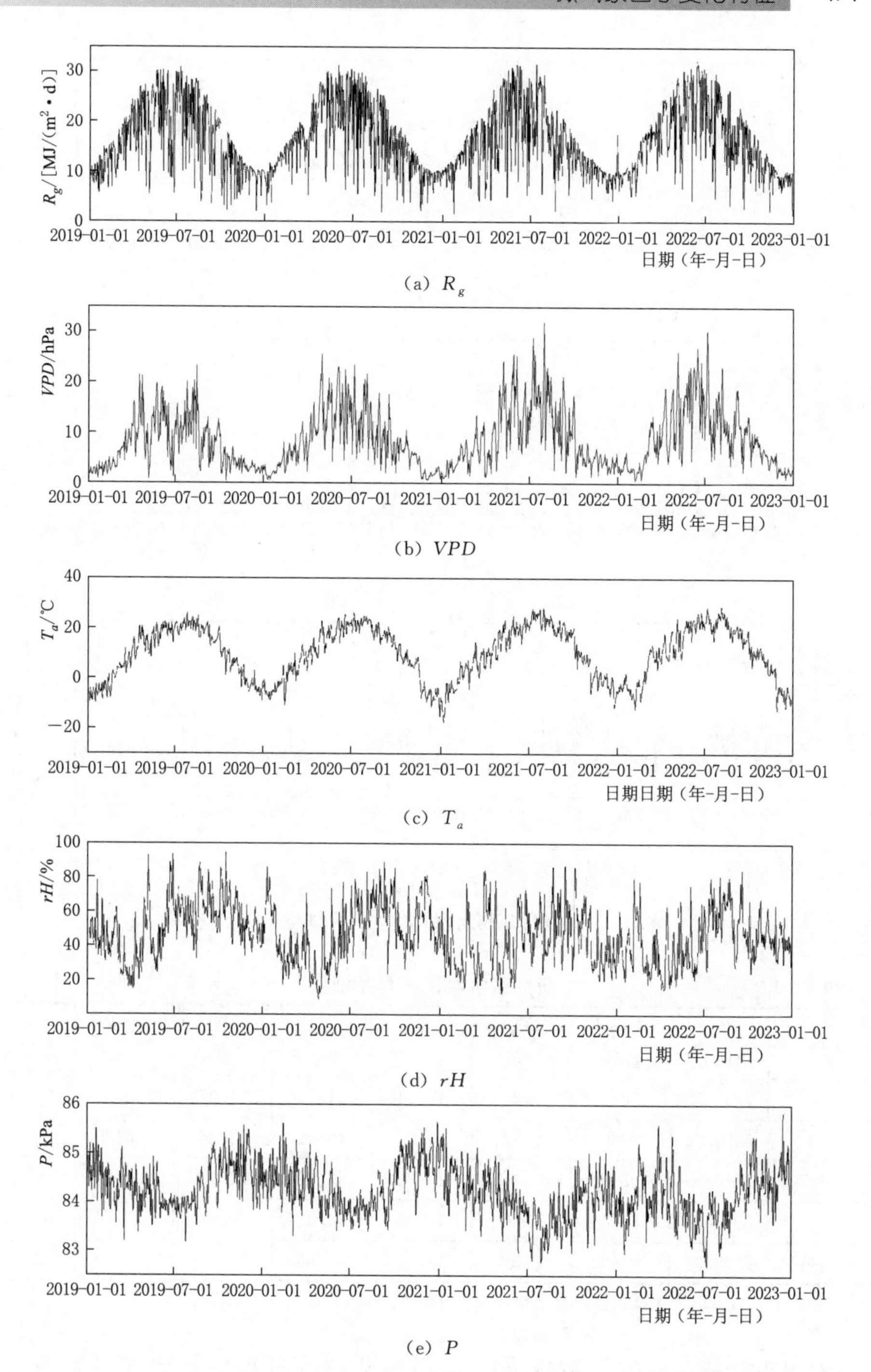

图 4-1（一） 研究区气象因子季节与年际变化

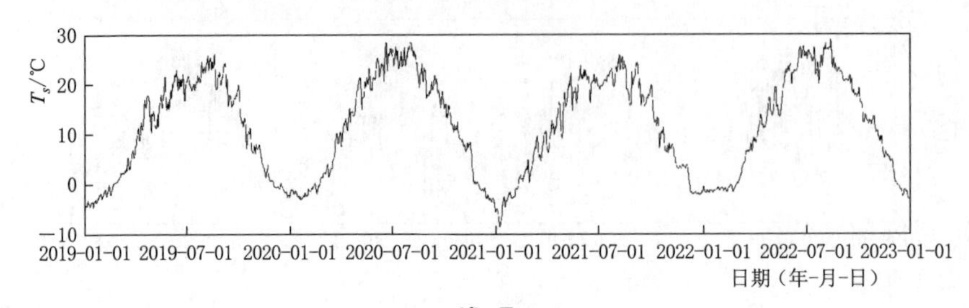

(f) T_s

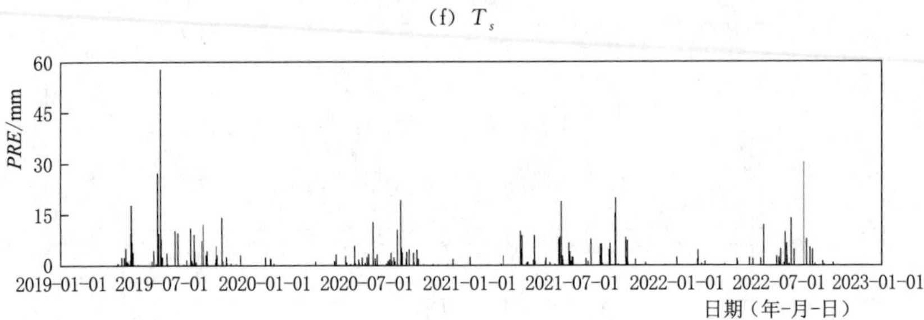

(g) *PRE*

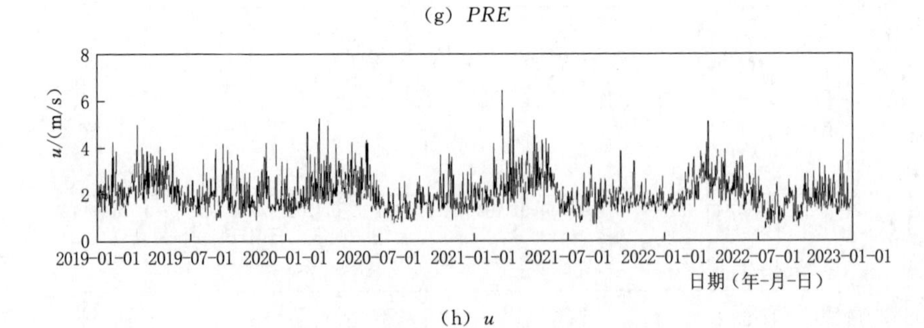

(h) u

图 4-1（二） 研究区气象因子季节与年际变化

表 4-1 研究区气象因子年特征值

年份	R_g /(MJ/m²)	*VPD* /hPa	T_a /℃	T_s /℃	*rH* /%	*P* /kPa	*PRE* /mm	u /(m/s)
2019	5959.62	7.41	9.34	10.34	51.71	84.37	283.20	2.09
2020	5990.62	8.28	9.32	11.97	48.40	84.36	125.80	1.97
2021	5712.75	9.30	10.24	10.92	43.21	84.08	206.80	2.06
2022	5912.71	9.36	10.39	12.35	44.27	84.11	131.70	1.97
平均值	5893.93	8.59	9.82	11.40	46.90	84.23	186.88	2.02

注 表中 R_g、*PRE* 为年累积值，其他指标为年平均值。

太阳辐射是农田生态系统光合作用和蒸散发过程的主要能量来源。图 4-1 (a) 显示，太阳总辐射（R_g）受天气变化情况影响而呈现锯齿状波动，平均值为 16.15MJ/(m^2 · d)，变化范围为 1.64～32.50MJ/(m^2 · d)。在降雨较为频繁的5—9月，R_g 波动更为明显，在冬春季节日间波动较小；在年尺度上，R_g 呈现单峰变化，主要表现为夏季较高，冬季较低，2019—2022年 R_g 变化范围为 5712.75～5990.62MJ/m^2，年际波动较小，与华北平原区相比，日间和年度 R_g 均偏高。

太阳辐射的变化是引起饱和水气压差（VPD）、土壤温度（T_s）、空气温度（T_a）变化的主要原因。如图4-1（b）所示，VPD 变化特征与 R_g 基本一致，整体表现为冬季较小，夏季较高，变化范围 0.37～32.13hPa，平均值为 8.59hPa；当 R_g 较高时，空气中水分减少，此时 VPD 增大。在夏季存某些时段（如2019年5月）VPD 存在降低情况，主要是由于发生降水后，空气水分含量增加，VPD 则减小。如图4-1（c）和图4-1（f）所示，气温（T_a）和土壤温度（T_s）的变化趋势与 R_g 和 VPD 相同，在年尺度上 T_s 和 T_a 的波动较大，观测期内年平均气温为 9.82℃，日平均气温变化范围为－17.46～28.96℃，最高气温为 37.40℃，最低气温为－23.98℃，全年温差较大；日平均 T_s 为－8.54～28.79℃，最高 T_s 为 35.11℃，最低 T_s 为－11.76℃，土壤温度波动范围略小于空气温度。

观测期内日平均相对湿度（rH）变化范围 9.20%－94.47%，如图4-1（d）所示。在日尺度数据上波动范围较大，在年尺度上表现为生长季整体偏高，冬春非生长季偏低，但变化特征不明显，主要原因是 rH 对降水和灌溉的影响更为敏感，短时的降水即可引起 rH 的较大波动。大气压（P）的变化区间为 82.69～85.86kPa。日平均风速变化范围 0.51～6.47m/s，最大风速为 9.33m/s；由图4-1（h）可知，全年冬春季节风速较大，生长季风速相对较小。

2019—2022年降水量（PRE）变化范围为 125.80～283.20mm，年际变异较大，平均降雨量为 186.88mm，与历史统计年平均降水量（190.90mm）持平。研究区降水主要集中在每年的5—9月，虽然为小麦、玉米的主要生长期，但由于降水量偏小，研究区作物生长主要依靠灌溉，灌溉方式为传统的地面灌溉，灌水量较大，土壤含水率在生长季较高。

从上述分析可以看出，气候因子存在着明显的季节性和年际变化特征。研究区光热资源充足，适合农作物生长，但降水稀少，农业生产依靠灌溉，人工灌溉在一定程度上改变作物生长过程的水、热、碳、盐交换过程。受气候条件限制，研究区主要采用年际间轮作的方式，每年仅能种植一季作物，土地休眠期较长，农田生态系统年内水热交换等过程具有旱区独特的特点。

4.2 能量通量时程演变特性

4.2.1 能量通量日内变化特征

太阳净辐射（R_n）是农田生态系统的能量来源，潜热（LE）交换是水热交换的重要形式，显热（H）交换是温度梯度传输的主要形式，土壤热通量（G）是大气界面和土壤界面热量传输的主要途径，它们是生态系统能量平衡的重要组成部分。观测期内农田生态系统 R_n、LE、H、G 的月平均日变化过程如图 4-2～图 4-5 所示。

由图 4-2 可知，不同年份 R_n 的日内变化趋势相同，在不同的月份日内变化均表现为倒 U 形，且仅有一个波峰。R_n 夜间为负值，白天为正值，但不同月份正负值转换出现的时间不同，一般 7：00～10：00 之前为负值，随着太阳高度角的变化，逐渐增长为正值，并在 13：00 前后达到峰值，17：00～19：00 由正值转换为负值，其中，夏季转换较早，冬季转换较晚。全年各月接受净辐射的时间表现为夏季较长，冬季略短的变化特征，最长时间出现在 7 月，最短出现在 1 月。各月日峰值的变化范围为 226.8～628.6W/m^2，不同月份峰值差异较大，最大值出现在 7 月，最小值出现在 12 月。

由图 4-3 可知，潜热通量的月均日变化过程相比净辐射波动较大。在生长季表现更为明显，这说明潜热的日变化过程不仅与太阳辐射有关，与作物生长状况及环境因子的日变化过程还有着紧密联系。夜间潜热通量在非生长季通常为 0 左右；而夜间潜热通量在生长季通常大于 0，但夜间生长季的净辐射是小于 0 的，这再次证明了夜间潜热消耗能量来自于逆温带来的显热通量。白天潜热通量为正值，随辐射的增强、温度的上升及饱和水汽压差的增大而上升，在 14：00 左右达到峰值，而后随太阳辐射的减弱而不断下降，在日落后恢复到日出前水平。不同月份潜热通量的峰值变化范围为 19.2～363.9W/m^2，潜热通量峰值出现时刻滞后于净辐射和显热通量的峰值出现时刻，说明中午前显热通量大于潜热通量，中午后潜热通量大于显热通量，在净辐射相似的情况下，潜热通量较大时，显热通量较小。潜热通量峰值在非生长季较小，生长季较大。另外，在生长季的 5—7 月，潜热通量在白天中午前后出现两个及以上峰值的情况，主要原因是夏季中午气温较高，可能导致作物叶片气孔关闭，蒸腾作用减小，从而导致潜热出现短时的下降后再次上升。生长季潜热通量的日变化在不同年份存在差异，比如 2019 年 5 月等，这主要是受到随机降水和灌溉增加的影响。

受太阳净辐射的影响，显热通量的月均日变化与净辐射相似，同样为单峰曲线，如图 4-4 所示。白天在太阳辐射作用下，地表温度升高，且升温速度大

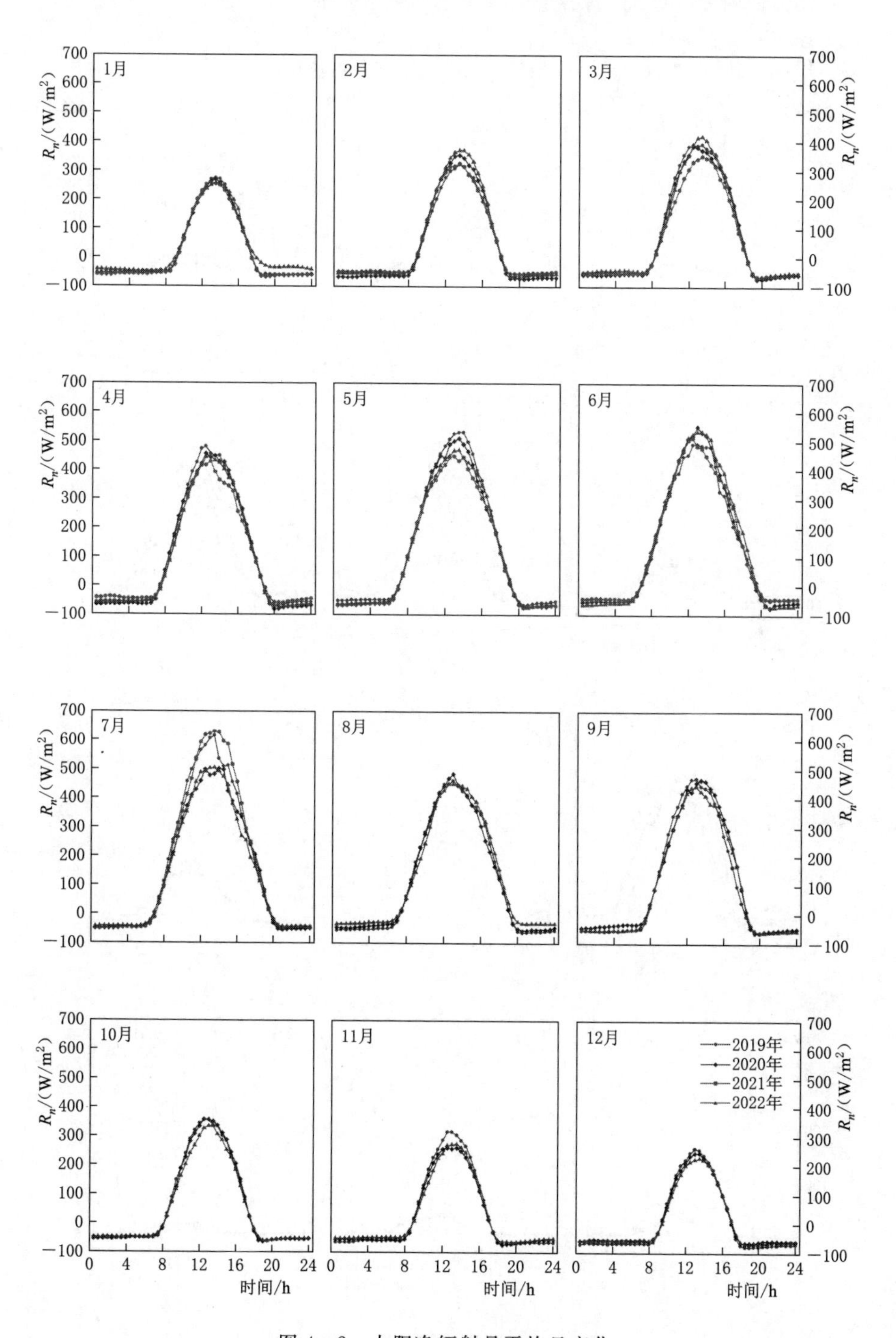

图 4-2 太阳净辐射月平均日变化

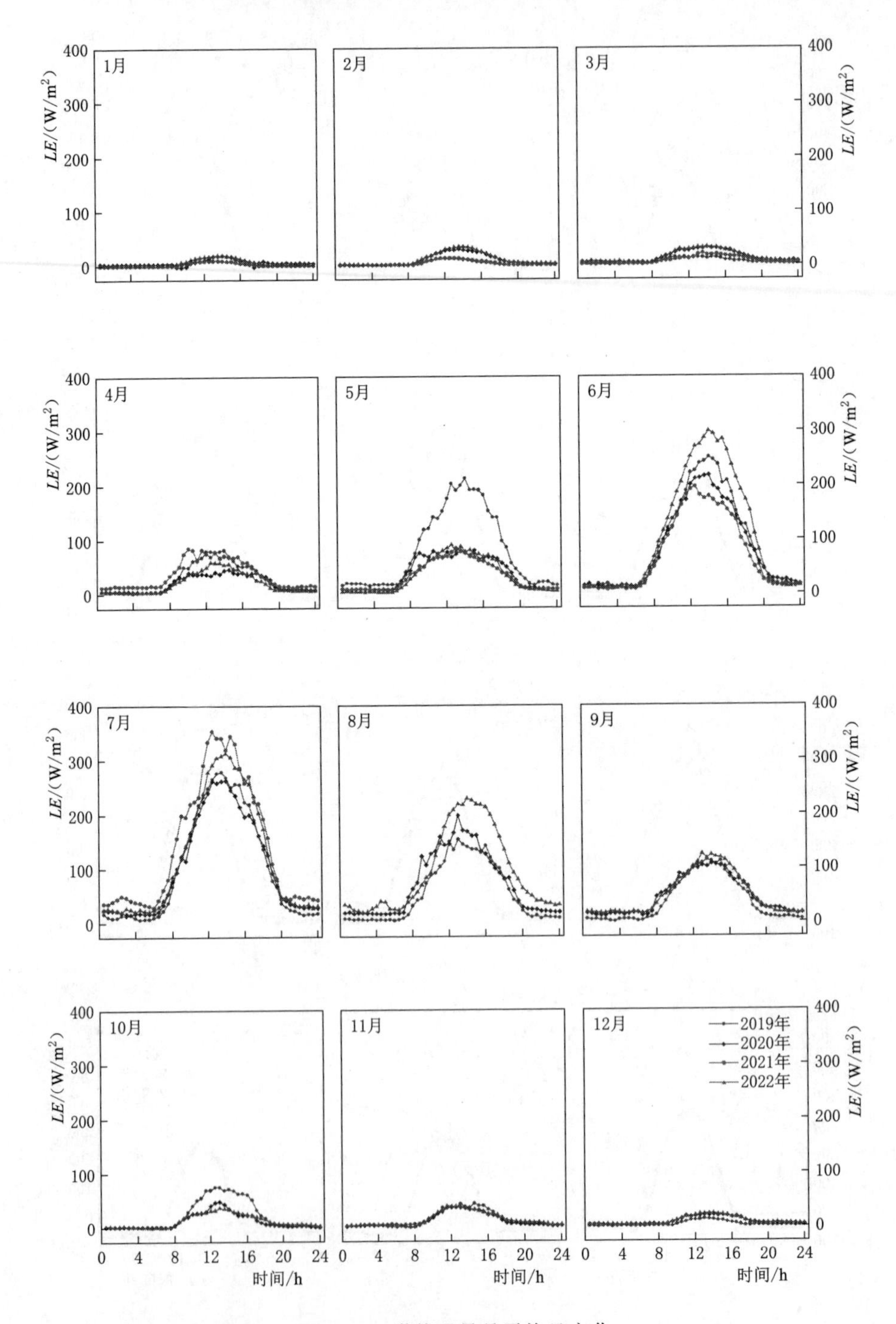

图 4-3 潜热通量月平均日变化

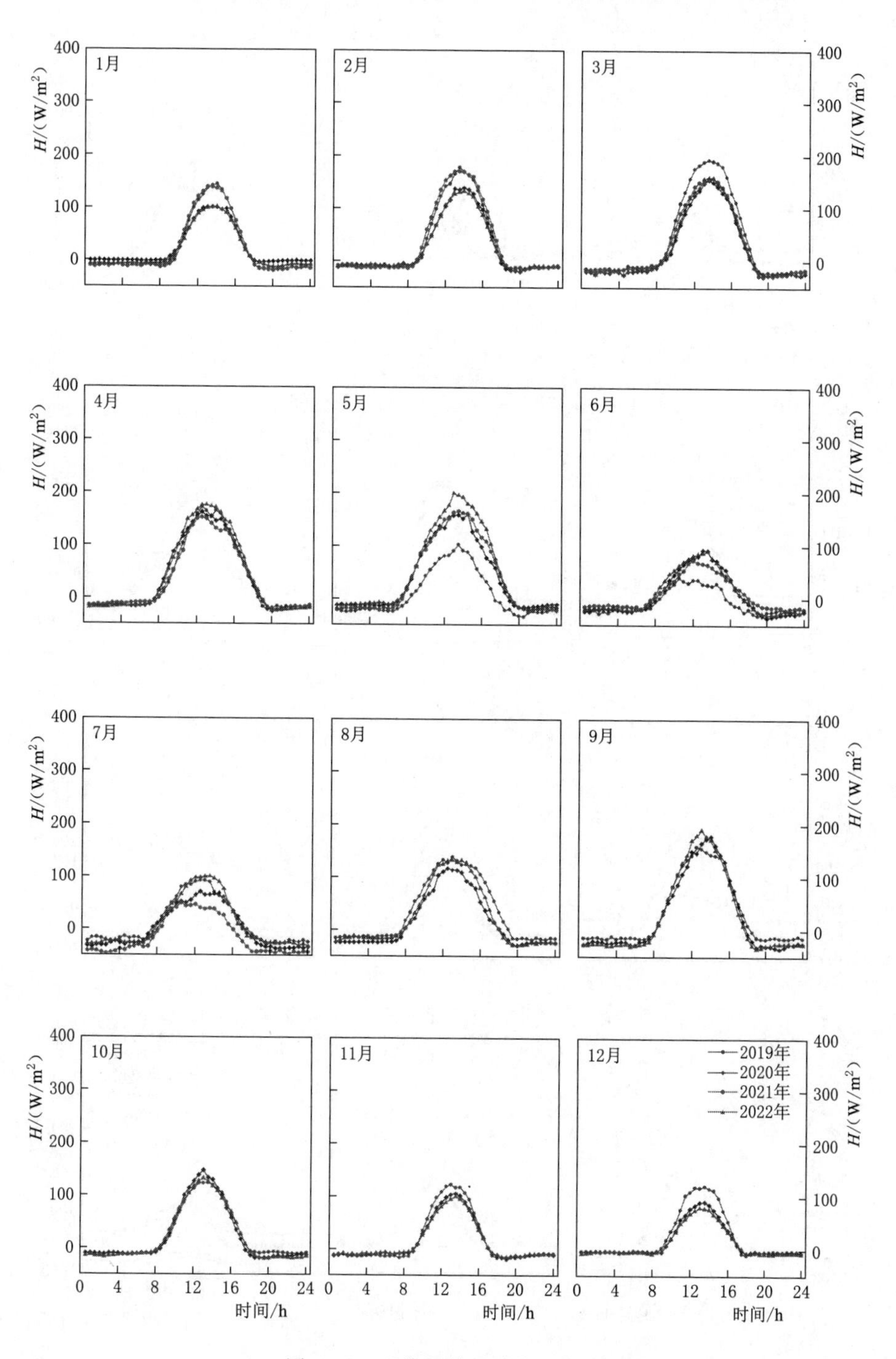

图 4-4 显热通量月平均日变化

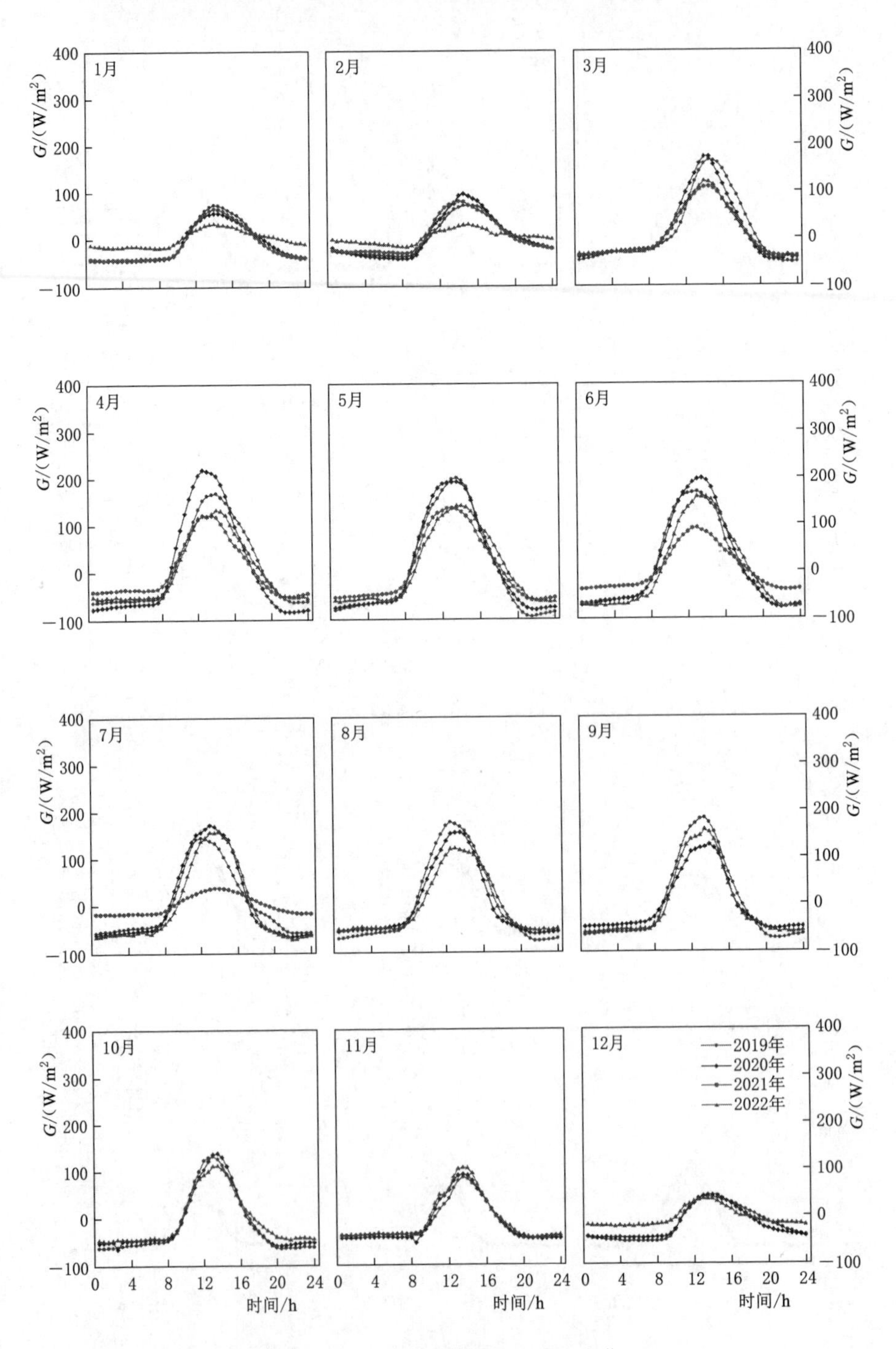

图4-5 土壤热通量月平均日变化

于大气，因此显热通量为正值，随着太阳辐射的增强，显热通量在13：00前后达到峰值，随后逐渐降低；日落后地表气温的降低速度明显快于空气气温，地表气温低于空气气温，显热通量呈负值。夜间夏季显热通量比冬季更小，主要原因是研究区位于腾格里沙漠边缘，夏季沙漠升温高，研究区植被覆盖等作用导致地表温度低，夜间存在逆温情况，即沙漠中的热量为农田潜热蒸发补充能量。不同月份显热通量峰值变化范围为41.2～198.9W/m^2，与净辐射日变化不同，显热通量白天的峰值一般出现在春季，主要原因为小麦和玉米均在夏季生长旺盛，叶面积较大，白天作物冠层限制了太阳辐射对地表的增温效果，减缓了地表的增温过程。春季作物刚刚播种，地表植被覆盖度偏低，太阳辐射虽然小于夏季但高于冬季，因此在春季白天出现更大的显热通量。

由图4-5可知，土壤热通量的月平均日变化趋势与净辐射相似，但数值较小。夜间土壤热通量基本为负值，即土壤为能量来源，热量由土壤向大气辐射；土壤热通量在白天基本为正值，说明地表热量向土壤传输。土壤热通量的日峰值在春季最大，一般在5月达到最大峰值。在非生长季，土壤热通量冬季是最小；在作物生长旺季，植被覆盖度较高，冠层阻挡热量向土壤的传输，并贮存了部分热量，从而导致土壤热通量峰值并非为年内最大。

4.2.2 能量通量季节变化趋势

观测期内农田生态系统净辐射、潜热、显热和土壤热通量日平均值变化过程如图4-6所示。各能量通量日平均值均存在锯齿状波动特征，这与短时间尺度上气象因子的随机性变化有关，但通过7d滑动平均值可以看出，各能量通量的季节变化特征较为明显。

太阳净辐射的日平均值变化范围为－13.2～223.9W/m^2，7d滑动平均值变化范围为2.2～196.3W/m^2，年内波动较大；太阳净辐射在不同年份冬季为低谷期，其值为2W/m^{2}左右，夏季为峰值期，其值在150～200W/m^2。由图4-6（a）可以看出，太阳净辐射日平均值除连续阴天外基本为正值，自1月开始随着太阳辐射的增强快速升高，并于7月上旬达到峰值，后逐渐下降，并在12月降至10W/m^{2}以下。

潜热通量日均值变化范围为0.6～215.8W/m^2，7d滑动平均值变化范围为1.6～174.1W/m^2，年内波动较大；冬季不同年份低谷期在1～15W/m^{2}范围，夏季峰值在100～175W/m^2。由图4-6（b）可知，潜热通量日平均值均为正值，冬季接近于0，11月至次年4月非生长季潜热通量增长缓慢，基本维持在0～10W/m^{2}的较低水平，随着作物进入快速生长期后潜热通量快速上升逐渐增大，并在6—7月达到峰值，说明潜热通量在季节上受到生长季作物蒸腾作用的

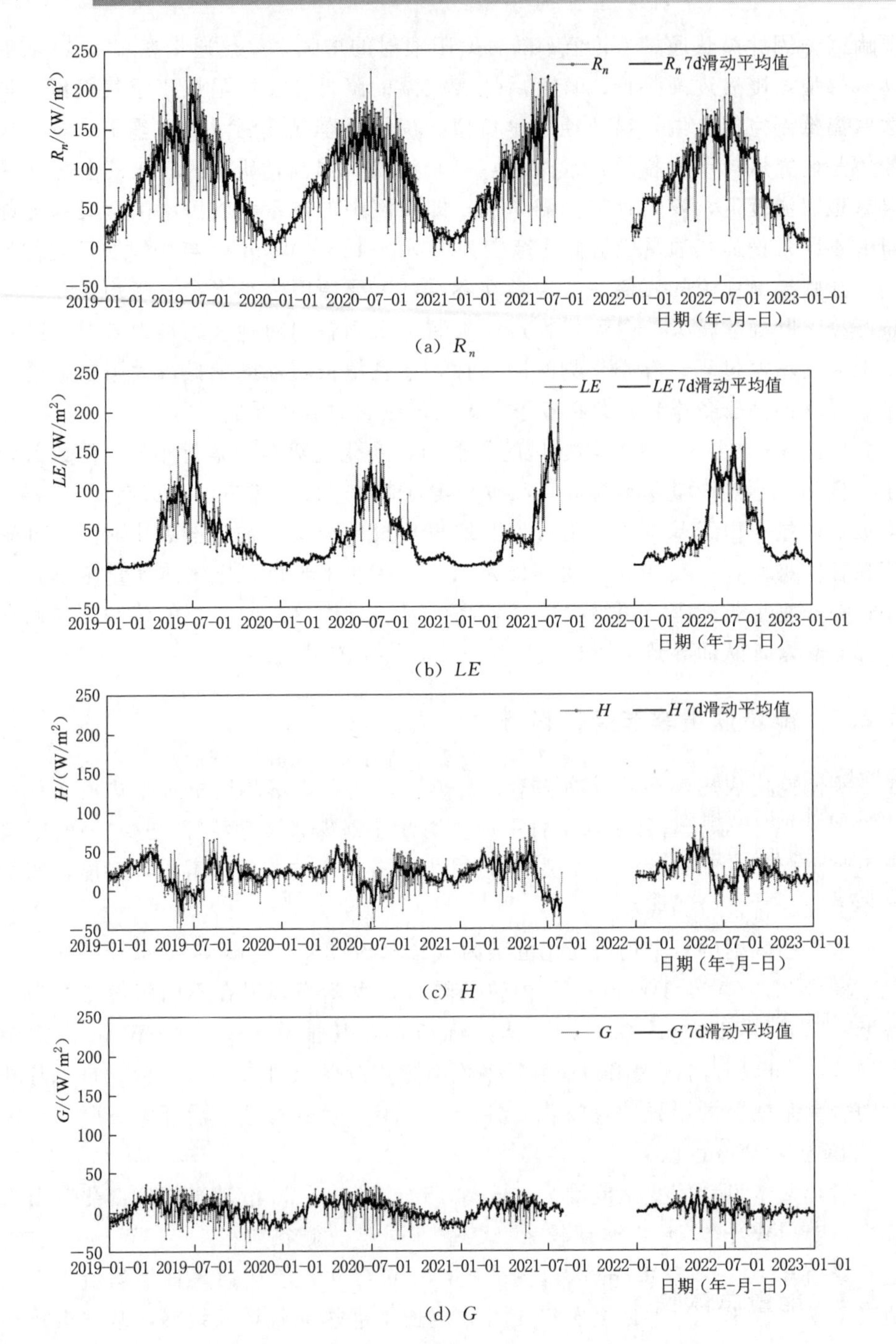

(a) R_n

(b) LE

(c) H

(d) G

图 4-6 能量通量的季节与年际变化

注 2021 年 8 月 1 日至 2021 年 12 月 31 日因仪器故障，观测数据缺失，图中曲线出现不连续情况，下同。

影响较大。潜热通量通常在6—7月生长旺季出现多个峰值，这与潜热通量的日内变化过程相似。一方面是由于夏季潜热达到第一峰值后，由于气温的持续升高导致作物气孔关闭，蒸腾作用减小，潜热总量降低，出现短时低谷，后随气孔的重新开启再次出现峰值；另一方面是由于6—7月两次灌溉后田间土壤含水率突变，导致土壤蒸发及作物蒸腾作用发生短时期的突变，进而引起多个峰值的出现。

显热通量日均值变化范围为$-51.3\sim82.0W/m^2$，7d滑动平均值变化范围为$-27.4\sim62.3W/m^2$，相对于净辐射和潜热年内波动较小；夏季低谷期峰值在$-10\sim-30W/m^2$，春秋季节峰值在$30\sim65W/m^2$。由图4-6（c）可知，显热通量与潜热通量的季节变化相反，1—3月显热通量逐渐增大至峰值，主要是因为随着净辐射的增大，潜热通量增长较慢，此时的显热通量大于潜热通量，净辐射主要通过显热来消耗。进入生长季后随着潜热通量的快速增长，显热通量快速下降，并在6—7月达到最小，与此时的潜热通量峰值对应，显热通量出现多个低谷的峰值。由于作物收获导致地表植被覆盖发生变化，潜热和显热在10月前后出现波动。12月至次年2月显热维持在$25W/m^2$左右。

土壤热通量日均值变化范围为$-48.2\sim38.1W/m^2$，7d滑动平均变化范围为$-21.3\sim28.9W/m^2$，相对于其他能量分量年内波动最小。由图4-6（d）可知，土壤热通量在季节上整体波动较小，在2月下旬至9月下旬为正值，此时土壤吸收热量，其他时间为负值，此时土壤向大气释放热量。土壤热通量在2—5月随太阳辐射的增强缓慢增加，并在5月达到峰值，主要是因为此时段植被覆盖度低，土壤干燥，热传导能量强，6—9月受灌溉和降水影响，土壤热通量出现波动；9月后逐渐下降，并在1月降至低谷。

在年际变化方面，太阳净辐射年际差异较小，潜热通量的变化存在一定差异，2019年和2021年小麦的潜热峰值略大于2020年和2022年的玉米，主要原因是2019年和2021年降水量偏多。另外受小麦和玉米叶面积增长速度的影响，玉米潜热通量在上升期和下降期变化速率更快，小麦的显热通量的峰值比玉米更大，这主要是受叶面积的影响，地表植被覆盖度不同。土壤热通量在年际间无明显差异。

4.3 能量收支与分配

4.3.1 能量总体收支特征

观测期内小麦、玉米农田生态系统的能量收支情况见表4-2。在年尺度上，净辐射总量为$2475.8\sim2603.8MJ/m^2$，年际间存在波动，由于小麦的生长季比玉米短，因此小麦生长季的净辐射总量比玉米较小，在非生长季则相反。潜热通量年总量为1126.0～1307.7MJ/m^2，占净辐射总量的45.1%～51.6%，是净辐射的主要消耗部分；显热通量年总量为642.9～705.4MJ/m^2，占比为26.0%～28.1%；土壤热通量占比为1.0%～2.1%，是净辐射消耗中最小的分量。

表4-2　观测期能量收支情况

能量通量	作物季		2019年（小麦）	2020年（玉米）	2021年（小麦）	2022年（玉米）
LE /(MJ/m^2)	生长季	总量	810.2	999.3	774.7	1168.5
		LE/R_n	49.6%	49.1%	51.2%	58.0%
	非生长季	总量	365.2	126.7	—	139.2
		LE/R_n	37.6%	28.7%	—	26.8%
	全年	总量	1175.4	1126.0	—	1307.7
		LE/R_n	45.1%	45.5%	—	51.6%
H /(MJ/m^2)	生长季	总量	232.3	379.0	253.8	465.9
		H/R_n	14.2%	18.6%	16.8%	23.1%
	非生长季	总量	473.1	263.9	—	247.0
		H/R_n	48.8%	59.9%	—	47.6%
	全年	总量	705.4	642.9	—	712.9
		H/R_n	27.1%	26.0%	—	28.1%
G /(MJ/m^2)	生长季	总量	133.2	99.7	76.7	17.9
		G/R_n	8.2%	4.9%	5.1%	0.9%
	非生长季	总量	−96.7	−48.3	—	6.9
		G/R_n	—	—	—	1.3%
	全年	总量	36.5	51.4	—	24.8
		G/R_n	1.4%	2.1%	—	1.0%
R_n /(MJ/m^2)	生长季	总量	1633.5	2034.9	1513.3	2015.1
	非生长季	总量	970.3	440.8	—	519.3
	全年	总量	2603.8	2475.8	1513.3	2534.4

注　表中2019年因G为负值，G/R_n无意义，故不再显示；2021年对应的"—"表示该时期因仪器故障数据缺失，下同。

在作物生长季，潜热通量占比明显高于显热通量占比，净辐射主要以潜热形式消耗。其中，小麦的潜热通量占净辐射的49.6%～51.2%，玉米潜热通量占净辐射的49.1%～58.0%，略大于小麦；小麦显热通量占比为14.2%～

16.8%，玉米显热通量占比 18.6%～23.1%，同样略大于小麦。

在作物非生长季，潜热通量占比明显低于显热通量，净辐射主要以显热形式消耗。其中，小麦潜热通量占比为 37.6%，玉米潜热通量占比为 26.8%～28.7%，低于小麦；小麦显热通量占比为 48.8%，玉米潜热通量占比为 47.6%～59.9%，大于小麦。土壤热通量在 2019 年和 2020 年非生长季出现负值，主要是因为该时期显热通量较大。

研究区太阳净辐射年总量大于华北平原灌区位山站[30] 总净辐射量（2285MJ/m^2），与半湿润易干旱区杨凌站[114]（2486～2983MJ/m^2）相当，说明在西北干旱区存在较为丰富的光热资源，理论上更合适作物的生长。在生育期，玉米潜热占比与华北平原夏玉米[115]（49%～55%）及半湿润易干旱区玉米[114]的观测结果（48%～49%）相当，但比甘肃张掖绿洲灌溉玉米[116] 观测数据（61%～74%）低；在年尺度上低于 Suyker 等[23] 的研究（53%～64%），同样低于华北平原冬小麦夏玉米轮作农田结果[115]，主要原因是上述地区的降水量或灌溉水量比该研究区较大，土壤含水量更充足，因此增加了潜热蒸散发过程。另外，在 Jia 等[27] 和 You 等[25] 的研究中也同样证实了在非生育期，显热是净辐射的最大消耗形式。土壤热通量在温升时为正值，在温降时为负值，且与净辐射的比值很小，这与其他地区的研究结果一致[26,117]。

4.3.2 能量分配季节变化

农田生态系统中能量的分配并非固定不变，能量分配过程受作物叶面积指数、气温等影响表现出季节变化特征。图 4－7 为观测期潜热、显热与地表获得能量的比值，该值的变化过程反映了作物物候与能量分配之间的关系。

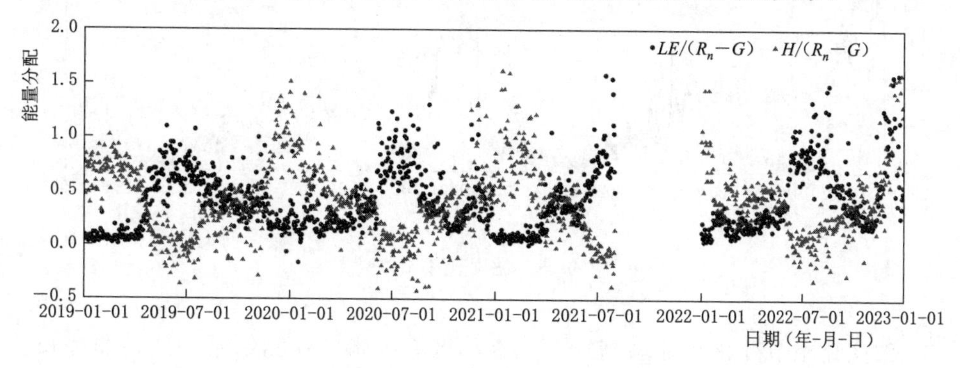

图 4－7 能量分配季节变化

由于研究区作物一年一熟，小麦和玉米的 $LE/(R_n-G)$ 在一年中都只有一个峰值，小麦的峰值出现在 6 月，玉米的峰值出现在 7 月，与本书不同的是一年两熟或三熟地区通常具有多个峰值，但峰值出现的时期与本书相同，通常在作物生长叶面积最大时期[114]。在非生育期，$LE/(R_n-G)$ 值变化范围为0～0.3，其中小麦 $LE/(R_n-G)$ 值略大于玉米，这可能与研究区某些年份玉米收获后秸秆尚未处理有关，秸秆的存在增加了地表的覆盖度，减小了非生长季潜热通量；另一原因可能是小麦非生长季的8—9月，田间存在杂草等植物，蒸散发强烈，导致小麦非生长季部分时间 LE 较大。$LE/(R_n-G)$ 值生育期峰值变化范围为0.9～1.2，其中，小麦的峰值略低于玉米的峰值，峰值甚至出现了大于1.0的情况，主要是因为夏季逆温和显热平流作用的存在，显热出现负值，潜热较大。这证实了在干旱区蒸散量受大面积灌溉的影响，未必受限于水分控制，灌溉等人类活动能够影响区域的能量分配和水文循环过程。小麦生长季日尺度 $LE/(R_n-G)$ 的平均值为48%，玉米生长季日尺度 $LE/(R_n-G)$ 的平均值为53%，再次证明了在同等条件下玉米的生长季耗水量大于小麦耗水量。

观测期农田生态系统波文比日值在季节尺度上的变化过程如图4-8所示。小麦和玉米的生长季波文比均较小，平均值分别为0.69和0.75，为一年的低谷期；由于生长旺季显热通量出现负值，波文比也出现负值情况；小麦和玉米非生长季波文比较大，平均值分别为3.54和6.85，为一年内高峰期。作物收获后蒸腾作用减小，导致波文比开始缓慢上升，进入冬季后，12月至次年3月波文比快速增大至高峰期。玉米收获后的非生长季波文比明显高于小麦收获后的非生育期，但小麦和玉米在非生长季波文比的变异性均较大。

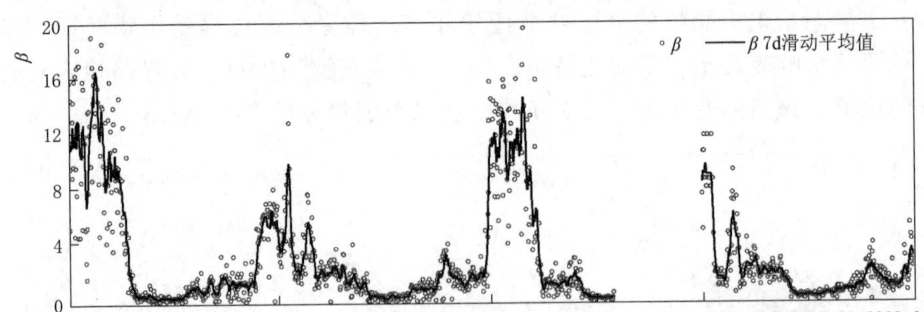

图4-8 波文比季节变化

波文比季节变化特征与高翔[118]在旱区春玉米的观测结果一致，非生长季低于其观测值（7.74～7.79），均高于美国春玉米农田观测结果[23]，这可能与非生育期秸秆保留田间有关。小麦和玉米生长季波文比均高于我国华北平原栾城（0.16～0.26）[115]和位山（0.28～0.48）[119]的观测结果，同样也高于我国杨凌半湿润易干旱区[114]的结果（0.50和0.59），这与本书研究区生长季较大的灌溉量有关，灌溉引起的显热平流效应改变了区域能量分配特征，特别是减小灌溉期的显热通量。

4.4 农田蒸散发演变趋势及环境响应

4.4.1 蒸散发及表面参数季节变化特征

观测期内农田生态系统的实际蒸散发量（ET_a）和平衡蒸散发量（ET_{eq}）季节变化过程如图 4-9 所示。实际蒸散发量主要与 LE 有关，平衡蒸散发量主要与 R_n-G 有关，因此 ET_a、ET_{eq} 在年内变化过程与 LE、R_n-G 年内变化过程类似，呈现单峰波动。由于研究区年际间气象条件变化趋势相同，故平衡蒸散发量年际变化特征基本一致。平衡蒸散发量散点在图 4-9 中的分布除生长旺季（6—7 月）外，基本位于实际蒸散发量的上方，说明多数时期实际蒸散发量小于平衡蒸散发量。

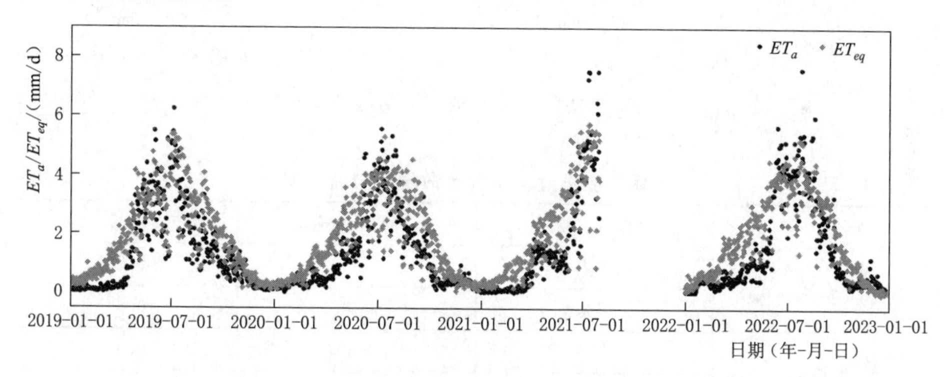

图 4-9 实际蒸散发量和平衡蒸散发量季节与年际变化

12 月至次年 3 月，ET_a 维持在 0.5mm 以下，为全年最低值；作物播种后 4—6 月随着叶片的生长 ET_a 快速增长，并在 7 月达到峰值，7 月底随着小麦成熟及平衡蒸散发量的减小，ET_a 逐渐下降至最低水平。2019 年和 2021 年小麦的 ET_a 最大值分别为 6.2mm 和 7.5mm，2020 年和 2022 年玉米的 ET_a 最大值分别为 5.6mm 和 7.4mm。这与半湿润易干旱区冬小麦和夏玉米的观测结果存在差异[114]，主要是因为小麦季的 Priestley - Taylor 系数（α）峰值虽然比玉米小，但由于小麦的平衡蒸散发量峰值比玉米季稍大，故小麦的 ET_a 峰值比玉米略大。

对小麦和玉米 ET_a 和 ET_{eq} 分别进行线性拟合分析，结果如图 4-10 和表 4-3 所示。小麦生长季斜率为 1.09，ET_{eq} 能够解释 ET_a 日变化 76.2%的变异性，玉米生长季斜率为1.08，ET_{eq} 能够解释日变化68.7%的变异性，图4-10中相对分散的点说明 ET_a 受到其他因子的影响。由表4-3可知，从全年数据拟合结果来看，ET_{eq} 能够更多地揭示季节变异性，但其斜率降低；非生长季小麦的 ET_a 更多受到 ET_{eq} 的控制，但玉米则相反。

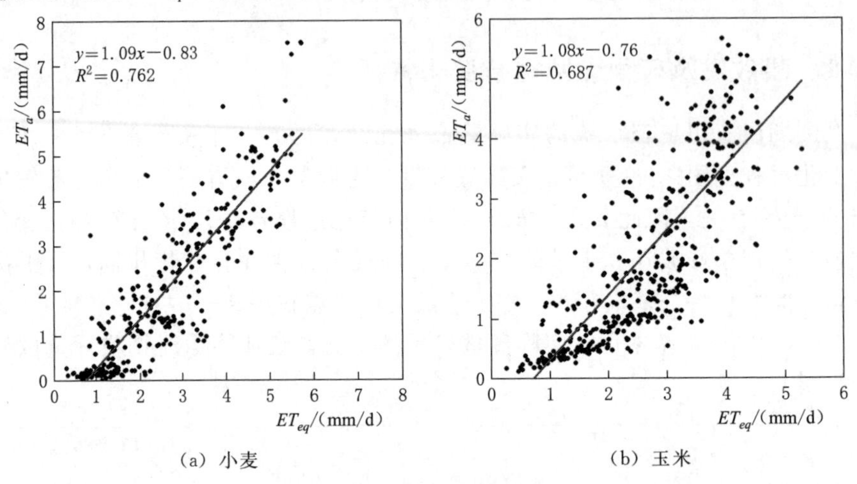

图4-10 生长季实际蒸散发量与平衡蒸散发量拟合关系

表4-3 实际蒸散发量与平衡蒸散发量拟合参数

季节	作物	斜率	R^2
生长季	小麦	1.09	0.762
	玉米	1.08	0.687
非生长季	小麦	0.67	0.840
	玉米	0.15	0.114
全年	小麦	0.96	0.805
	玉米	0.91	0.704

观测期不同年份生态水文学因子对比结果见表4-4。小麦的年平衡蒸散发量为669.0mm，玉米的年平衡蒸散发量平均值为655.4mm，两者差异较小；小麦实际蒸散发量为479.2mm，玉米实际蒸散发量平均值为497.5mm，略大于小麦年实际蒸散发量，这说明平衡蒸发量受气象条件的影响，年际差别不大，实际蒸散发量受作物种植的影响而存在差异。在生长季，小麦的实际蒸散发量平均值为323.1mm，玉米的实际蒸散发量平均值为442.2mm，同样高于小麦，这主要与小麦玉米生长期长度不同。对比其他研究成果，本书研究的玉米实际蒸散发量与甘肃河西走廊的观测结果[116]（467～545mm）和山西寿阳旱作农田观测结果[118]（414～437mm）相当，比华北平原区夏玉米[115]（198～300mm）较

表 4-4　观测期生态水文学因子对比

作物	季节	年份	LE /(MJ/m^2)	R_n /(MJ/m^2)	β	T_a /℃	VPD /kPa	ET_a /mm	ET_{eq} /mm	α	$PRE+I$ /mm	VWC /%
小麦	生长季	2019	810.2	1633.5	2.61	14.9	1.03	330.3	413.7	0.69	190+503	24.1
		2021	774.7	1513.3	1.80	15.6	1.19	315.8	405.1	0.70	110+489	14.8
		平均	792.5	1573.4	2.21	15.3	1.11	323.1	409.4	0.70	150+496	19.5
	非生长季	2019	365.2	970.3	4.76	5.3	0.53	148.9	255.3	0.52	93+0	16.2
		2021	—	—	—	—	—	—	—	—	—	—
		平均	—	—	—	—	—	—	—	—	—	—
	全年	2019	1175.4	2603.8	3.85	9.3	0.74	479.2	669	0.59	283+503	19.5
		2021	—	—	—	—	—	—	—	—	—	—
		平均	—	—	—	—	—	—	—	—	—	—
玉米	生长季	2020	999.3	2034.9	0.82	16.7	1.13	407.4	545.1	0.72	118+630	16.6
		2022	1168.5	2015.1	0.89	18.0	1.21	477.0	576.7	0.75	113+720	16.0
		平均	1083.9	2025	0.86	17.4	1.17	442.2	560.9	0.74	116+676	16.3
	非生长季	2020	126.7	440.8	2.75	−0.4	0.41	53.9	90.7	0.71	8+455	13.7
		2022	139.2	519.3	2.89	−0.35	0.43	56.7	98.2	0.76	9+457	13.9
		平均	133.0	480.1	2.82	−0.38	0.42	55.3	94.5	0.74	9+463	13.8
	全年	2020	1126	2475.7	1.62	9.6	0.83	461.3	635.8	0.71	126+1085	15.4
		2022	1307.7	2534.4	1.71	10.4	0.89	533.7	674.9	0.76	122+1177	15.2
		平均	1216.9	2505.1	1.67	10.0	0.86	497.5	655.4	0.74	124+1131	15.3

高，一方面说明春玉米普遍比夏玉米蒸散量大，这与春玉米生长季较长有关；另一方面主要是因为研究区净辐射和饱和水汽压差比其他站点较高，而净辐射和饱和水汽压差是蒸散发的主要控制因子。虽然本次研究中小麦生长季总蒸散发量与上述地区的冬小麦的观测结果基本一致，但实际上这并不能说明两者蒸散发过程具有可对比性，因为春小麦和冬小麦生长周期差异较大，不同生长阶段的蒸散发过程变化差异较大，由于目前通过涡度相关系统观测春小麦蒸散发的研究较少，尚不能进行全面的对比。

图 4-11～图 4-13 为观测期日尺度 Priestley-Taylor 系数（α）、冠层导度（G_c）、退耦系数（Ω）季节与年际变化过程。α、G_c 和 Ω 季节变化整体与 LE 变化相似，主要与作物生长期叶面积呈正相关，在非生长季维持在较低水平，随着作物的生长快速增长，在 5—7 月达到最大值，作物收获后逐渐减小。α 表征下垫面蒸散发平流运动特点，同时反映了气象因子对 LE 的控制作用。观测期 α 变化范围为 0～2.76，小麦 α 值在 5—7 月维持在大于零水平，平均值为 1.15；玉米在 6—8 月维持在大于零水平，平均值为 1.27。研究区生长季 5—8 月

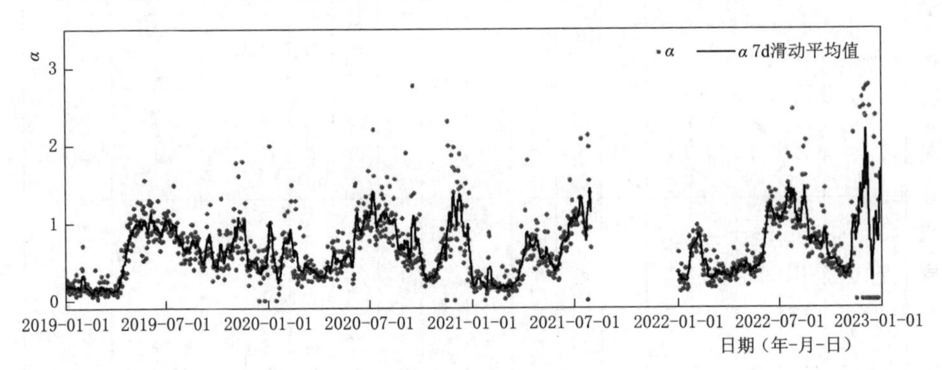

图 4-11 Priestley-Taylor 系数季节与年际变化

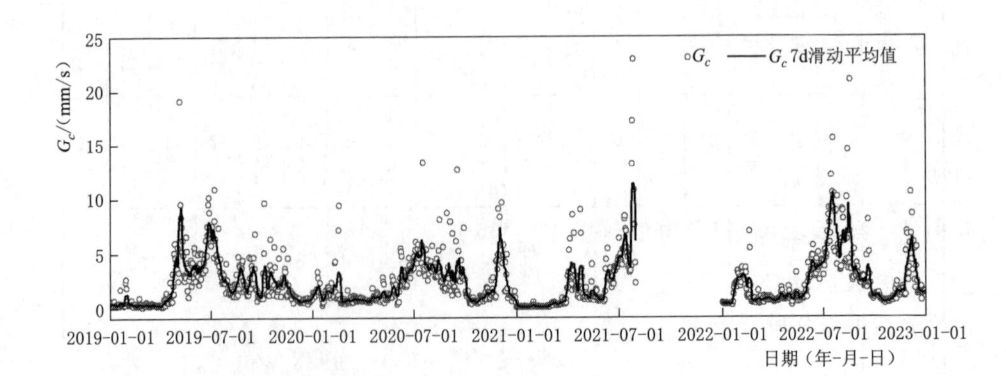

图 4-12 冠层导度季节与年际变化

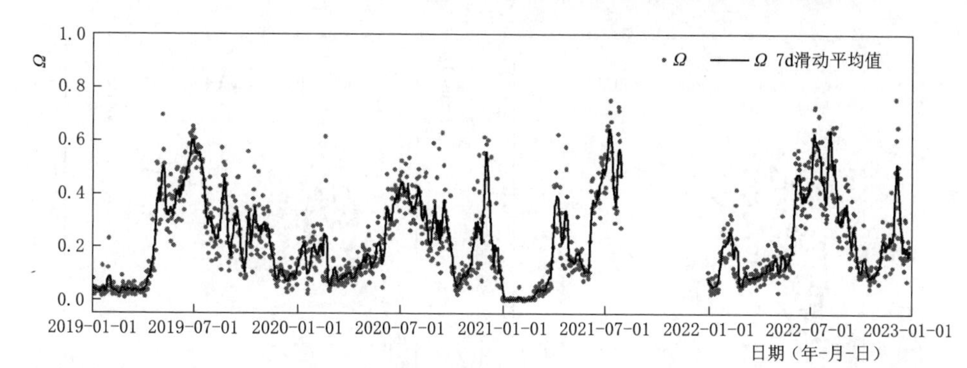

图 4-13　退耦系数季节与年际变化

进行 3～4 次灌溉，土壤水分相对充足，此时可利用的能量是 ET_a 的主要限制因素；随着灌溉的停止水分成为 ET 的主要限制因素。小麦季的 α 平均值比玉米小，说明在气象条件相同时，玉米的需水量更高。玉米种植年份的 4 月和 10 月 α 出现短时期的波动增高情况，这主要与春灌和冬灌后 LE 增大有关。

G_c 表征冠层整体的气孔导度，其值的大小反映了作物因子对 ET 季节变化的控制作用。G_c 的变化范围为 0～20mm/s，小麦在生长季 G_c 的峰值为 9～12mm/s，玉米的峰值为 7～11mm/s，这与高原区草地[120] 生态系统研究结果（11mm/s）和新疆棉田[10] 研究结果（0～8mm/s）较接近，略高于山西寿阳旱作玉米[118] 的观测结果（6～7mm/s），比华北平原区冬小麦夏玉米[115] 研究结果（15～30mm/s）及美国玉米大豆轮作农田[96] 研究结果（30～40mm/s）较低，主要原因是田间水分供给的不同。其中小麦在 6—7 月出现两个峰值，玉米在 7—8 月出现两个峰值，这与夏季高温作物叶片气孔关闭有关。小麦比玉米的 G_c 峰值更高，主要与 C3 和 C4 植物的生长能力有关，这与王云霏[114] 的研究结果相一致。

G_c 对 LE 的控制作用可通过 Ω 来表征，观测期 Ω 的变化范围为 0～0.80，在非生长季 Ω 值偏小，变化范围为 0～0.2，说明冠层导度与大气耦合度较高，冠层水汽能够容易输送至大气，此时冠层导度是蒸散发的主要因素；在生长旺季，Ω 值偏大，变化范围为 0.6～0.8，此时水汽输送受到冠层阻力较大，净辐射和温度是蒸散发的主要影响因子。这与 Ding 等[33] 在玉米地中的观测结果和高翔[118] 在旱区玉米地的观测结果一致。

4.4.2　蒸散发对生物及环境因子的响应

考虑到 α 对 ET 的控制作用以及与作物生长的关系，对 ET、α、Ω 和 G_c 的相关关系进行分析，结果如图 4-14 所示。可以看出 ET、α、Ω 都随 G_c 的增大而呈对数增长，但当 G_c 大于某一阈值后，ET、α 和 Ω 则逐渐趋近于平稳，这一阈值在小麦和玉米生长季约为 11mm/s。G_c 可以解释小麦季 ET 值 68.6%的

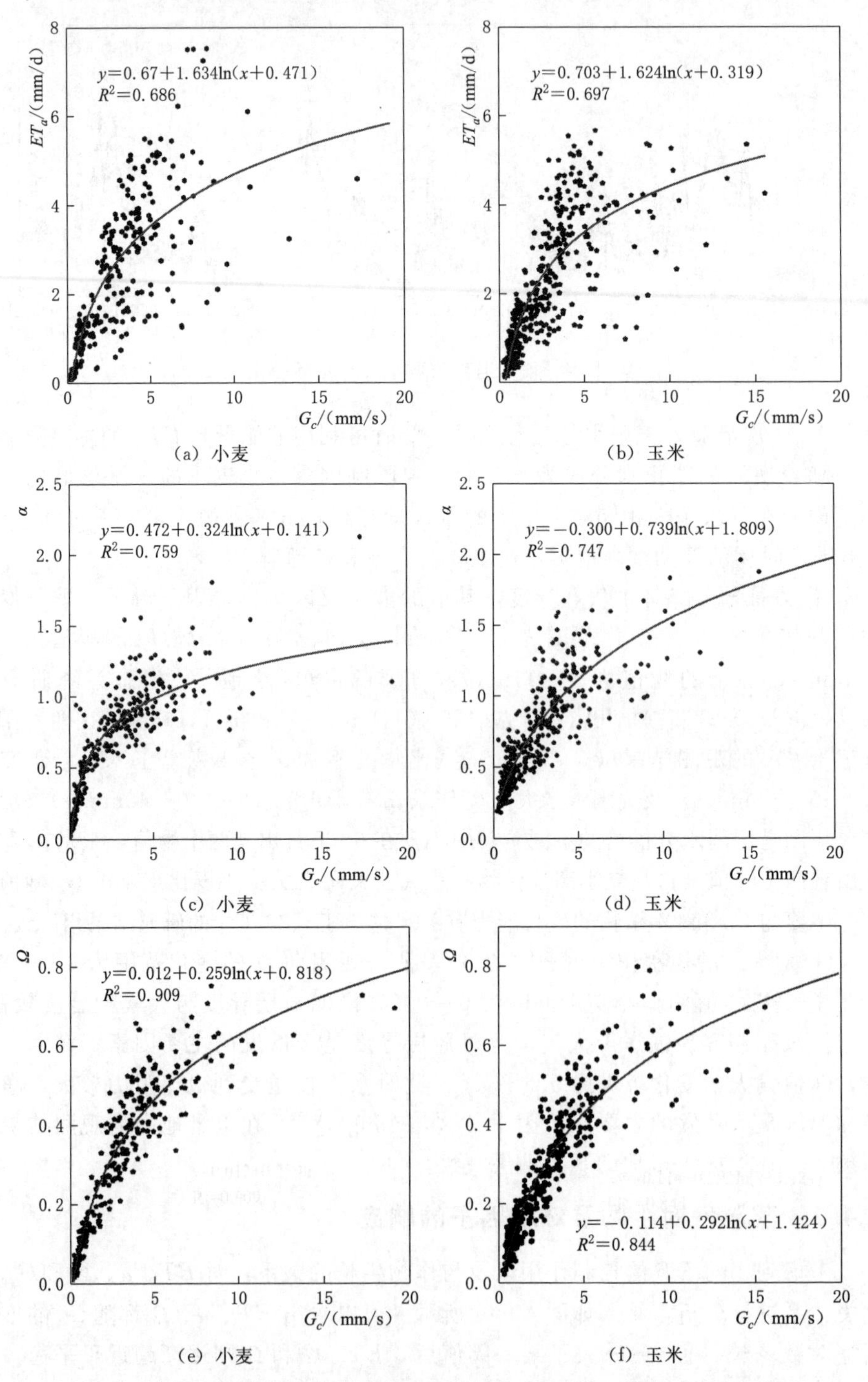

图 4-14 实际蒸散发、Priestley-Taylor 参数、退耦系数与冠层导度的拟合关系

变异性，而在玉米季，G_c 可以解释玉米季 α 值 69.7%的变异性。G_c 可以反映作物气孔交换生物因素对 ET 的季节影响，ET_{eq} 可以表达辐射等环境因子对 ET 的季节性影响，生物因子对小麦、玉米生长季的 ET 季节变化影响比能量等因素更强烈。从图 4-14（a）和图 4-14（b）可以看出，左侧无较为分散的点，有明显的边界线，是除了生物因子影响外能量供应对 ET 的限制。当 G_c 小于阈值 11mm/s 时，作物 ET 主要受控于 G_c，当超过 11mm/s 阈值时，G_c 对蒸散发的控制作用减弱，这一规律与其他生态系统不同作物的观测结果类似，本次研究结果阈值与山西寿阳旱区玉米地观测结果[118] 及陕西杨凌冬小麦夏玉米轮作观测结果[114] 相当，比华北地区夏玉米和冬小麦[30] 研究结果（15～20mm/s）及充分灌溉条件下的研究结果（16mm/s）较低，这可能是由于干旱区农田土壤含水率相对较低及作物冠层发育欠缺有关。

4.4.3 环境因子对蒸散发影响的定量揭示

为明确干旱区小麦、玉米农田蒸散发的具体环境因子及其相关关系，首先对 ET 与 R_n、T_a、VPD、u、rH、T_s、VWC 等环境因子的关系进行了偏相关性分析，结果见表 4-5。可以看出，在小麦生长季，ET 的影响因子主要包括 R_n、T_a、VPD、u，其中 R_n、T_a 分别与 ET 呈极显著正相关，偏相关系数分别为 0.609 和 0.308，VPD、u 分别与 ET 呈极显著负相关，但偏相关系数相对较小；在小麦的非生长季，ET 的影响因子主要为 R_n、T_s、VPD、u，其中 R_n、T_s 分别与 ET 呈极显著正相关，偏相关系数分别为 0.475 和 0.248，VPD、u 分别与 ET 呈显著负相关，偏相关系数相与生长季较为接近。

表 4-5 农田蒸散发与环境因子的相关性

环境影响因子	偏相关系数			
	小麦		玉米	
	生长季	非生长季	生长季	非生长季
R_n	0.609***	0.475***	0.287***	0.023
T_a	0.308***	−0.029	−0.078	0.127*
VPD	−0.169***	−0.124*	0.098	0.099
u	−0.157***	−0.135*	−0.132*	0.097
rH	0.045	0.018	0.111	0.185*
T_s	−0.109	0.248***	0.352***	0.113
VWC	−0.106	0.110	0.047	−0.002

注 * 表示显著相关（$P<0.05$），** 表示非常显著相关（$P<0.01$），*** 表示极显著相关（$P<0.001$），下同。

在玉米的生长季，ET 的影响因子主要包括 R_n、T_s、u，其中 R_n、T_s 分别与 ET 呈极显著正相关，偏相关系数分别为 0.287 和 0.352，u 分别与 ET 呈显著负相关，偏相关系数为－0.132；在玉米的非生长季，相关分析结果显示 ET 的与多个环境因子相关性不明显，仅与 T_a 和 rH，表现出显著的相关性，但相关系数较小。

上述结果可知，干旱区小麦、玉米农田生长季蒸散发的主要影响因子为净辐射和温度，其中小麦生长季温度表现为空气温度，玉米生长季表现为土壤温度，这可能主要是因为小麦、玉米的作物种植密度和高度不同，小麦、玉米蒸散发来自于作物蒸腾和土壤蒸发的贡献不同；小麦非生长季蒸散发的主要影响因子净辐射和土壤温度，玉米非生长季蒸散发的影响因素与小麦非生长季差异较大，这可能与非生长季的田间管理差异有关，但也可能与不同年份的气象差异有关，说明在干旱区农田生长季，蒸散发量受到作物蒸腾的影响较大，蒸散发的主要影响因子较为明显，但非生长季时间较长，蒸散发主要为土壤蒸发，受气候影响其环境影响因子可能存在变异性。

通过相关性分析明确了研究区不同作物蒸散发的主要影响因子，为定量表征蒸散发与主要影响因子之间的具体数量关系，进一步采用多元线性回归分别构建了估算研究区小麦、玉米 ET 的经验模型，见表 4－6。小麦非生长季的回归关系最好，R_n、T_s、VPD 和 u 揭示了蒸散发 83%的变异性，这基本代表该研究区裸露农田的蒸散发影响因子。在生长季，小麦和玉米的回归模型虽存在差异，但也能够分别揭示其生长季 72%～76%的变异性。玉米的非生长季由于田间管理的原因，环境因子回归分析效果较差，基本不能表征其对蒸散发的影响，但这也从侧面反映出秸秆田间保留能够改变常规裸露土地的蒸散发过程，一定程度上减小田间蒸散发量，这为干旱区非生育期减少田间水分蒸发提供了参考。

表 4－6　　蒸散发与环境因子间多元线性拟合结果

作物	时期	影响因子回归方程	R^2
小麦	生长季	$ET_a = 0.188R_n + 0.153T_a - 1.049VPD - 0.215u - 0.526$	0.76
	非生长季	$ET_a = 0.075R_n + 0.040T_s - 0.036VPD - 0.053u + 0.191$	0.83
玉米	生长季	$ET_a = 0.093R_n + 0.179T_s - 0.194u - 1.977$	0.72
	非生长季	$ET_a = 0.015T_a + 0.002rH + 0.275$	0.24

为进一步定量表征环境因子对蒸散发的影响相对贡献度和影响路径，采用通径分析来评价 R_n、T_a、T_s、VPD、rH、u、VWC 对 ET 的直接影响和间接

影响，结果见表4-7。小麦生长季对 ET 日值季节变化直接影响贡献最大的是 T_a，直径通径系数为0.624，其次是 R_n、VPD 和 u，其中 T_a 和 R_n 对 ET 的影响贡献为直接影响，VPD 和 u 主要通过 T_a 和 R_n 的间接影响 ET。玉米生长季对 ET 日值季节变化直接影响贡献最大的是 T_s，其直接通径系数为0.651，其次是 R_n 和 u，其中 T_s 主要为直接影响，R_n 和 u 对 ET 的影响主要为通过 T_s 间接影响 ET。

表4-7 环境因子对蒸散发影响的通径分析结果

作物	时期	因子	直接影响	总间接影响	间接影响						
					R_n	T_a	VPD	u	T_s	rH	VWC
小麦	生长季	R_n	0.498	0.261	—	0.395	−0.165	0.030	—	—	—
		T_a	0.624	0.111	0.316	—	−0.239	0.034	—	—	—
		VPD	0.330	0.703	0.248	0.451	—	0.003	—	—	—
		u	0.108	−0.324	−0.138	−0.196	0.009	—	—	—	—
	非生长季	R_n	0.381	0.454	—	—	−0.006	0.000	0.460	—	—
		VPD	0.087	−0.038	0.028	—	—	−0.007	−0.058	—	—
		u	0.058	−0.002	−0.002	—	−0.011	—	0.011	—	—
		T_s	0.576	0.312	0.304	—	0.009	−0.001	—	—	—
玉米	生长季	R_n	0.246	0.374	—	—	—	0.009	0.365	—	—
		u	0.101	−0.213	−0.022	—	—	—	−0.191	—	—
		T_s	0.651	0.167	0.138	—	—	0.030	—	—	—
	非生长季	T_a	0.540	−0.078	—	—	—	—	—	−0.078	—
		rH	0.167	−0.251	—	−0.251	—	—	—	—	—

在小麦种植年的非生长季，对 ET 日值季节变化直接影响贡献最大的是 T_s，其直接通径系数为0.576，其次是 R_n、VPD 和 u，其中 T_s 主要为直接影响，R_n 对 ET 的影响既有直接影响又有间接影响，且间接通径系数大于直接通径系数，间接影响主要通过 T_s 产生。在玉米种植年的非生长季，由于各环境因子与 ET 的相关性显著性不高，玉米种植年的非生长季通径分析结果意义不大，这可能与玉米秸秆仍然生长在农田中有关，造成 ET 蒸散发变异性增强，与常规裸露土地蒸散发影响因子不符合。上述研究结果与山西寿阳旱作春玉米[118]、陕西杨凌冬小麦夏玉米[114] 及新疆棉田[10] 的研究结果均不完全一致，但净辐射和温度均为共同的环境影响因素，这可能与各个观测站点环境因子的变异性较大有关，每个观测站点的在特殊的自然地理环境下，蒸散发对环境因子的响应程度和响应速度均可能存在变异性。

4.5 水热条件下土壤盐分变化特性

4.5.1 水热盐时空变化特征

为了分析农田小麦、玉米种植过程土壤水热盐的传输特征，首先对小麦、玉米种植年份农田土壤水热盐剖面特征进行分析，小麦、玉米农田一年中不同时段不同土壤深度的含水率、土壤温度、土壤电导率分布情况如图4-15所示。

由图4-15（a）和图4-15（b）可知，除了冬季的1—2月，小麦和玉米农田土壤含水率剖面分布基本呈反C形，0～40cm范围内土壤含水率逐渐增大，超过40cm后含水率下降，并趋于稳定，土层40cm深度附近的含水率比其他各层较高，主要是因为耕作层土壤蒸发量较大，含水率较低。非生长季小麦种植年份土壤含水率分布与玉米相比存在差异，主要表现为小麦种植年份非生长季不同月份土壤含水率剖面分布较为相似，但整体小于生长季土壤含水率；而玉米种植年份生长季与非生长季土壤含水率剖面分布差异较小，这主要是因为玉米生长季持续时间较长，且玉米种植年份生长季与非生长季均存在灌溉。小麦、玉米农田土壤水分剖面特征与明广辉[10] 在新疆棉田的研究相似，不同之处主要在于本次研究观测的土层深度最大仅为60cm，故没有呈现出完整的反S形的剖面特征。

由图4-15（c）和图4-15（d）可知，农田土壤的温度剖面分布随深度的增加呈“汇聚”形直线分布，1—2月和11—12月土壤温度随深度的增加而增大，3—10月土壤温度随深度的增加而减小，但同一时间段土壤温度随土层深度的变化并不明显，即土壤温度在竖向分布上是相对稳定的。

由图4-15（e）和图4-15（f）可知，作物生长季土壤盐分的剖面呈“表聚”形分布，在0～15cm范围内土壤盐分含量高于下层土壤含盐量，说明生长季的灌溉过程对土壤盐分的淋洗作用有限，灌溉作用导致地下水位上升及较高的土壤蒸发强度导致土壤盐分向上运动聚集。小麦种植年份非生长季土壤含盐量“表聚”特征不明显，不同土层深度的土壤含盐量无明显变化；玉米种植年份非生长季在20cm深处的土壤含盐量最大，40cm以下深度的土壤含盐量整体下降，这可能与玉米种植年份冬灌洗盐作用有关，土壤表层盐分有向下运动的趋势。

土壤水分除了受到自然气象条件的变化影响外，同时受到农田耕作活动的影响，农田土壤中的盐分运动往往随着水分运动而变化。为分析农田耕作过程土壤水热盐的季节变化特征，分别计算60cm深度以内的土壤总贮水量、平均温度和平均含盐量，其变化过程如图4-16所示。

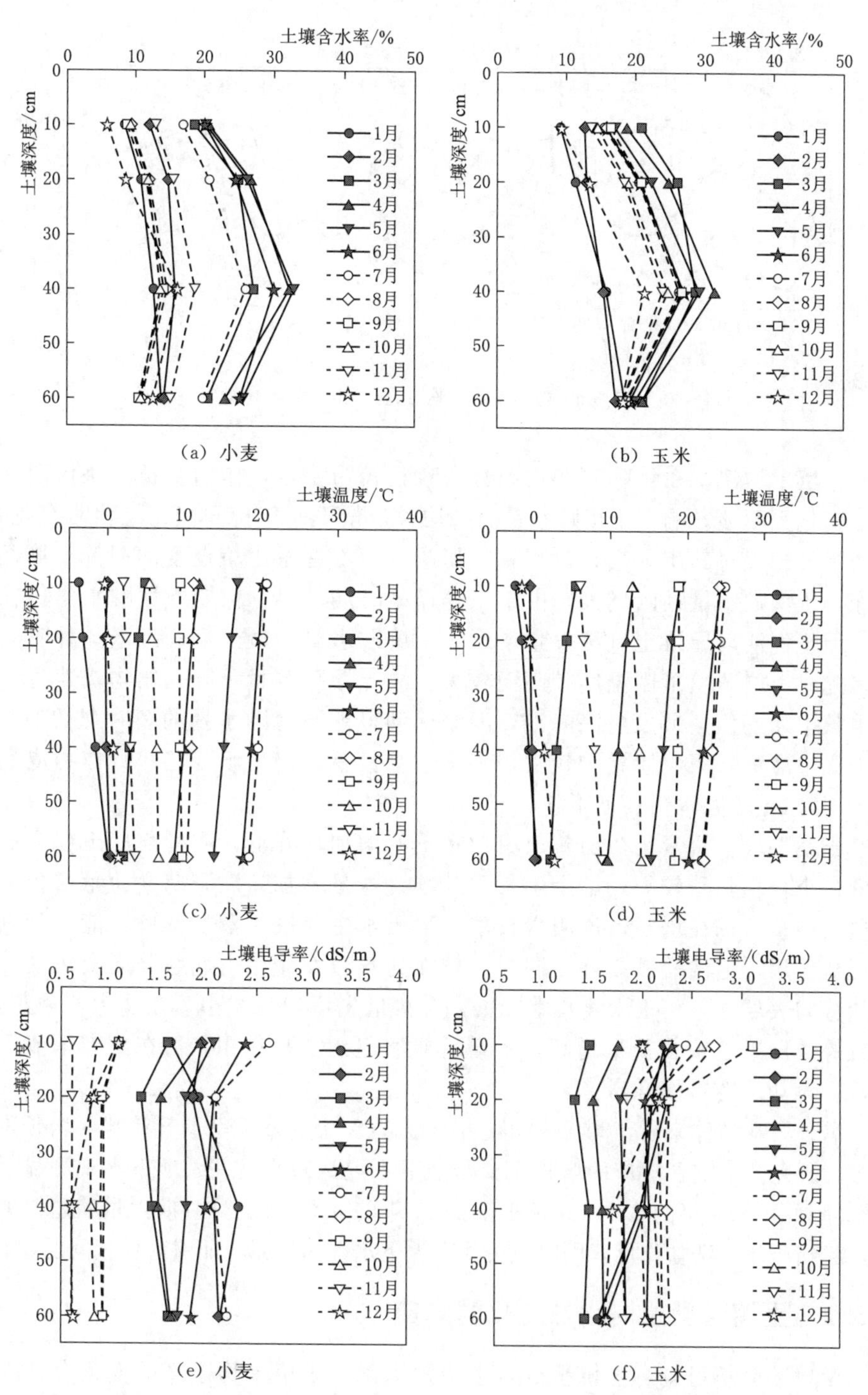

图 4-15 农田土壤含水率、土壤温度和土壤电导率剖面分布

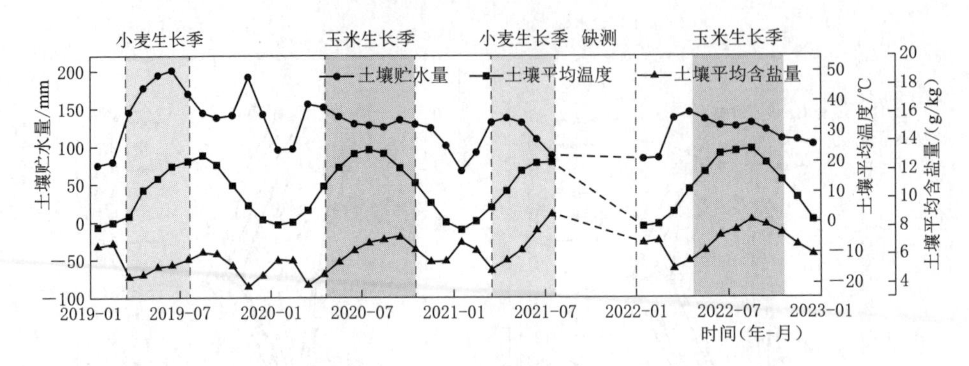

图 4-16 农田土壤贮水量、平均温度和平均含盐量年际变化

土壤平均温度在年际间变化趋势一致且较为稳定，作物生长及耕作活动对温度变化无明显影响；土壤贮水量与平均含盐量不同年份间变化过程略有差异，作物生长过程对其年内变化过程存在影响。随着春季土壤温度的回升土壤逐渐解冻，土壤贮水量逐渐增大；由于小麦播种时间较早，苗期土壤贮水量仍在增大，但耕作活动导致土壤蒸发量增大，土壤贮水量缓慢上升；玉米播种时间较晚，此时土壤蒸发量因温度较高而较大，故土壤贮水量下降；作物快速生长期和生长中期正值蒸散发量高峰期，灌溉活动可能引起贮水量的短时期增加，但由于集中灌溉，深层渗漏量较大，土壤贮水量整体仍呈下降趋势；作物成熟期至 12 月，土壤贮水量逐渐下降。

土壤平均含盐量年初随着土壤贮水量的增加而降低，耕种前后土壤含盐量最低；小麦生长季较短，整个生长季土壤含盐量增加，灌溉期含盐量增长虽然减慢，但整体仍在增长，说明生长季的灌溉水主要用于蒸发蒸腾，能起到一定的压盐作用，但洗盐效果并不明显，较强的蒸散发作用引起水分向上运动并带动盐分向表层聚集。玉米生长季较长，含盐量先增加后减小。在非生长季蒸发、冻融等作用下土壤含盐量增高，冬灌后能够起到洗盐作用，但在冬春季节土壤反盐，含盐量会再次升高。

另外，从整体来看，2019—2022 年土壤的含盐量整体呈上升趋势，增长率为 28%。研究区土壤含盐量的增长主要与地下水埋深减小有关，地下水观测显示地下水埋深由 2019 年的 2.612m 减小至 2022 年的 2.071m。长时期大量灌溉水的调入，起到压盐、洗盐作用，同时应关注因地下水埋深的减小而引起反盐问题。

4.5.2 土壤含盐量对水热变化的响应

由以上分析可知，土壤盐分对土壤贮水量、土壤平均温度的变化存在响应关系，将土壤贮水量、土壤平均温度与土壤含盐量日值进行了拟合分析，结果如图 4-17 所示。土壤含盐量在多数时段随土壤贮水量的增大而减小，两者存在着显著的线性关系，决定系数 R^2 为 0.807～0.962。土壤贮水量增大时，土壤盐分溶解在地下水中，盐分随水分向下运动。需要引起注意的是，小麦种植年份土壤含盐量随土壤贮水量增加而线性减小的过程主要分为两个阶段：第一阶段约为 3 月以前，此时期主要是土壤解冻引起的贮水量变化；第二阶段为小麦播种至年末，此时期贮水量的变化主要受降水和灌溉的影响。与小麦不同的是，玉米种植年份土壤含盐量随土壤贮水量增加而线性减小的过程主要分为三个阶段，其中在第三阶段（9—12 月）出现了土壤含盐量随土壤贮水量减小而线性减小的情况，这主要是因为玉米生长期灌溉量较大，贮水量变化具有滞后效应，且存在冬灌洗盐。

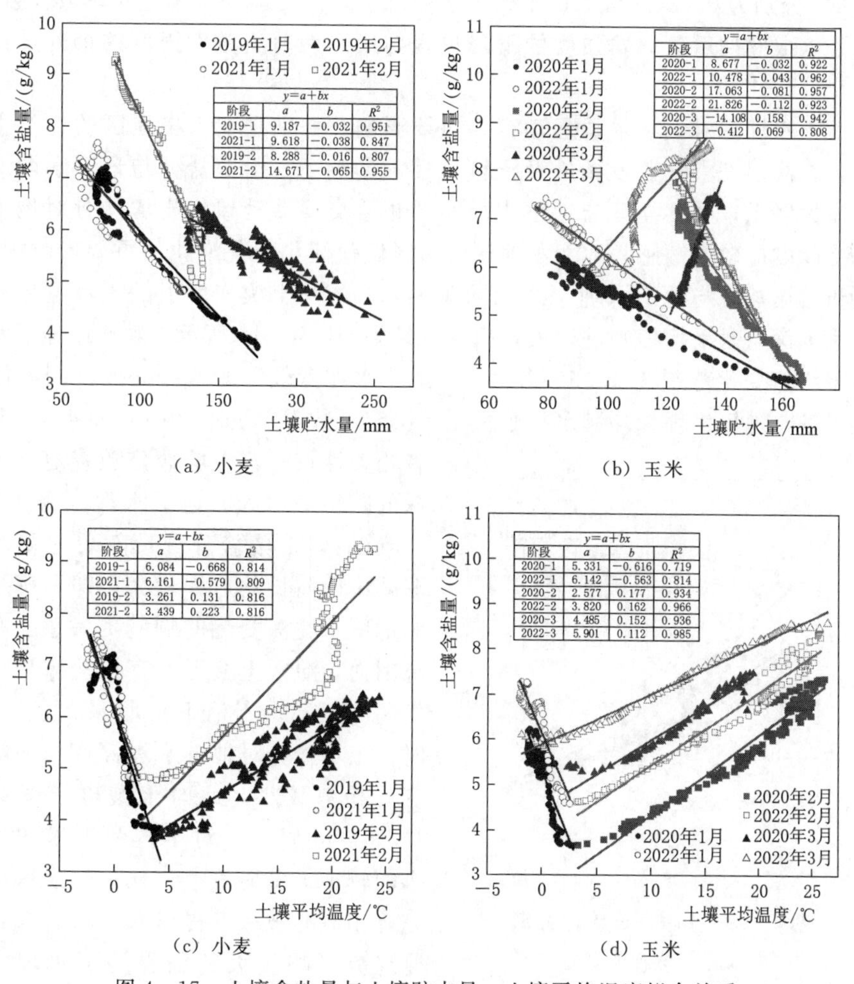

图 4-17　土壤含盐量与土壤贮水量、土壤平均温度拟合关系

土壤温度影响土壤蒸发和作物蒸腾强度，较强的蒸散发量引起土壤盐分随水分向上移动。由图4-17（c）和图4-17（d）可知，小麦种植年份土壤含盐量对土壤温度的变化同样分为两个阶段：第一阶段（3月以前）为温度由负值到正值的过程，整体温度偏低，蒸发量较小，土壤盐分逐步溶解于土壤水中，土壤含盐量随温度的升高而线性减小，决定系数 R^2 为0.809～0.814；第二阶段（4月至年末）土壤含盐量对土壤温度的响应同样呈线性关系，决定系数 R^2 为0.816，此时期土壤含盐量随温度的上升而增大，7月后随温度的降低而减小，增大和减小的路径符合相同的线性关系。与小麦不同的是，玉米种植年份土壤含盐量对土壤温度的变化分为三个阶段，其中第一阶段含盐量在3月以后随温度上升及下降过程表现出不同的路径线性关系，第二阶段和第三阶段决定系数 R^2 分别为0.934～0.966和0.936～0.985，这可能与玉米生长季较长有关，玉米进入成熟期后蒸散发强度的下降过程与成熟期前蒸散发强度的上升过程并非完全一致。

地下水埋深对土壤水盐运动存在重要影响，特别是在干旱地区的地下水浅埋区，在高强度大气蒸发条件及土壤特性的影响下，土壤盐分与地下水埋深有着紧密的联系，土壤盐分与地下水之间的频繁交换活动致使土壤盐分对地下水埋深变化响应较为敏感，地下水埋深成为区域盐渍化与荒漠化的重要影响因素。为分析土壤盐分与地下水埋深之间的关系，对不同土壤深度下的土壤电导率与地下水埋深（月平均值）进行关系拟合，结果如图4-18所示。观测站地下水埋深月平均值变化范围为1.06～3.27m，地下水埋深较浅。0～60cm不同深度土壤电导率与地下水埋深均满足指数关系，决定系数 R^2 为0.776～0.844，表明两者相关性较好，土壤盐分随着地下水埋深的减小而增大。地下水埋深为1.5～2.5m时，土壤盐分含量随着地下水埋深减小而增长的速率较大，即土壤盐分对地下水埋深变化的响应更敏感，在该范围内，灌区土壤可能存在盐渍化快速发展的风险；当地下水埋深大于2.5m时，土壤盐分对地下水埋深变化的响应变化趋势较小，此时土壤电导率约在1.5 dS/m以下，对小麦和玉米的生长影响较小。窦旭等[121] 在河套灌区的研究有相似的规律，提出对土壤含盐量变化趋势影响较大的临界地下水埋深为

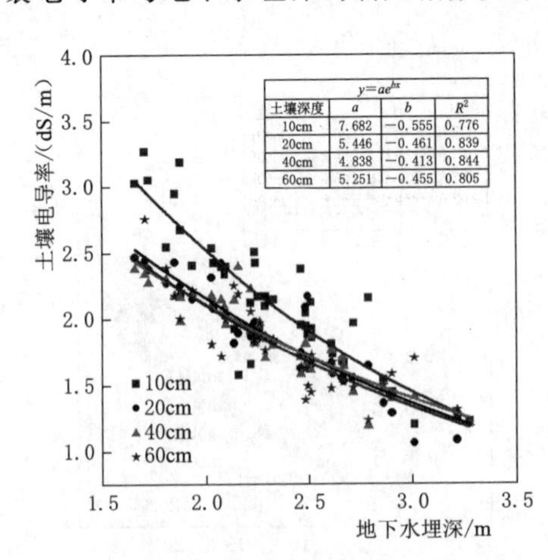

图4-18　土壤电导率与地下水埋深拟合关系

1.6m，王国帅等[52] 在河套灌区的研究同样提出地下水埋深与土壤电导率满足指数关系，地下水埋深控制在1.7～2.3m更佳；景泰灌区内的封闭型水文地质单元在区域尺度上的研究显示，0～2.5m范围内的地下水埋深是土壤盐渍化发展活跃区间[122]。因此可推断在干旱半干旱灌区内，地下水埋深与土壤含盐量可能普遍存在上述关系，不同灌区盐渍化快速发展对应的地下水埋深临界值可能因整体地下水埋深的不同而不同，该结果对于灌区节水控盐、灌溉洗盐制度的确定具有指导意义。

4.6 本章小结

本章分析了研究区微气象因子季节变化过程，基于涡度观测能量通量数据，分析了农田生态系统能量通量的日变化及季节变化过程特征；通过农田生态系统的能量收支分析，揭示了能量通量的季节分配特征；基于潜热通量得到了农田生态系统蒸散发量，分析了生态系统表面参数的季节变化特征及响应机制；采用通径分析的方法，研究了环境因子对蒸散发量的直接和间接贡献度，并进行了定量分析。得出主要结论如下：

(1) 小麦、玉米生态系统各能量通量日内变化呈现倒U形，但在不同的年份季节及作物生育期存在不同的量级，夏季波动较为剧烈，冬季波动较为平缓。不同月份R_n日峰值的变化范围为226.8～628.6W/m^2，LE日峰值的变化范围为19.2～363.9W/m^2，H日峰值的变化范围为41.2～198.9W/m^2。研究区夏季夜间存在逆温情况，附近沙漠中的热量为绿洲区农田潜热蒸散发提供能量。

(2) 小麦、玉米生态系统R_n和LE日平均值在年内整体呈单峰变化，LE在夏季出现多个波动峰值，年内波动范围较大，R_n变化范围为－13.2～223.9W/m^2，LE变化范围为0.6～215.8W/m^2，H日平均值年内波动较小，变化范围为－51.3～82.0W/m^2，年内变化过程与R_n和LE相反，G日平均值在季节上整体波动较小，变化范围为－48.2～38.1W/m^2。

(3) 小麦、玉米生长季净辐射主要以潜热的形式耗散，非生长季主要以显热的形式耗散。小麦和玉米生长季LE占R_n的比例分别为49.4%～51.2%和49.1%～58.0%，H占R_n的比例分别为14.2%～16.8%和18.6%～23.1%，LE和H耗散占比均为小麦大于玉米。观测期潜热和显热与地表获得有效能量的比值随作物生长波动而变化，两者变化趋势相反。小麦、玉米的波文比年内变异性较大，生长季平均值分别为0.69和0.75，为一年低谷期，非生长季波文比平均值分别为3.54和6.85，为一年的峰值期。

(4) 小麦、玉米农田生态系统ET_a与ET_{eq}年内均呈单峰变化趋势，同一

时期 ET_{eq} 平均值一般略大于 ET_a，ET_{eq} 能够分别揭示小麦和玉米生长季76.2%和68.7%的变异性。农田生态系统表面参数 α、G_c、Ω 季节变化整体与 LE 变化一致，生长季灌溉期 α 值和 Ω 值较大，水汽输送受冠层阻力影响较大，净辐射和温度等气象条件是影响蒸散发的主要因子，非生长季冠层导度是控制蒸散发的主要因素。ET、α 和 Ω 与 G_c 之间存在对数关系，G_c 对 ET、α 和 Ω 的控制作用存在明显的阈值效应，该小麦、玉米农田的阈值为11mm/s。

（5）在生长季，T_a 对小麦生长季 ET 季节变化的作用贡献最大，T_a 和 R_n 对 ET 季节变化为直接影响，其他因素通过 T_a 和 R_n 间接影响；T_s 对玉米 ET 季节变化的作用贡献最大，且为直接影响，R_n 和 u 对 ET 季节变化为间接影响，其他因素通过 T_s 间接影响。在非生长季对 ET 变化的主要影响因子是 T_s，玉米非生长季 ET 存在较大差异性。

（6）小麦、玉米农田土壤含水率剖面分布基本呈反C形，土壤的温度剖面分布随深度的增加呈“汇聚”形直线分布，作物生长季土壤盐分的剖面呈“表聚”形分布。2019—2022年土壤的含盐量整体呈上升趋势，增长率为28%，地下水埋深由2.612m减小至2.071m。土壤含盐量随土壤贮水量的增大而线性减小，小麦主要分为两个阶段，玉米分为三个阶段。小麦种植年份土壤含盐量对土壤温度的变化分为两个阶段，冬春温度由负值到正值的过程，土壤含盐量随温度的升高而线性减小，其他时期土壤含盐量随温度的上升而线性增大。0～60cm不同深度土壤电导率与地下水埋深均满足指数关系，土壤电导率随着地下水埋深的减小而增大。

第5章　农田生态系统蒸散发特性与耗水规律

陆地生态系统蒸散发过程主要由作物蒸腾和土壤蒸发两部分组成，作物蒸腾是碳水耦合作用下的耗水过程，土壤蒸发则可以简单地看作物理变化过程。在生态系统尺度上，由于很难直接对作物蒸腾和土壤蒸发进行观测，因此利用涡度相关系统观测到的通量数据，实现作物蒸腾和土壤蒸发的分离，并针对以上两个过程分别开展主控因子研究，将进一步增进对农田生态系统耗水过程的认识。FAO-56中提出的作物系数法是目前国际上普遍采用的作物蒸散发估算方法，并被应用于农田灌溉管理。但不同地区生态系统采用同样的作物系数显然不合理，因此基于当地蒸散发实测数据确定适合当地条件的作物系数对农田灌溉管理更具有指导意义。本章节主要通过碳水耦合的潜在水分利用效率理论，将涡度相关通量数据中的 ET 进行分离，得到小麦、玉米不同生长阶段的 T 和 E，进而分析 T 和 E 的季节变化特征及驱动因子；结合蒸散发量分析小麦、玉米不同生育期内的耗水规律和水量平衡特性；基于小麦、玉米农田生长季的实际蒸散发量和参考作物蒸散发量，确定适合该地区气象条件的小麦和玉米作物系数曲线，并探讨作物系数的变化特性。

5.1　作物生长期划分及气象条件

FAO-56根据作物植被覆盖度和叶面积大小将作物整个生长阶段依次划分为生长初期、快速生长期、生长中期和生长后期。生长初期一般是从播种作物出苗至地表植被覆盖度接近10%，快速生长期一般是从地表植被覆盖度接近10%至植被覆盖度接近100%或者作物开始开花，生长中期则为从作物花期至开始成熟，生长后期为开始成熟至收获期或者最后一次灌水结束。从MODIS数据产品集中提取了研究区农田观测期的叶面积指数（LAI），叶面积指数变化趋势如图5-1所示，叶面积指数随着作物的生长具有良好的季节变化趋势，小麦生长过程 LAI 最大值为 $2.7 \sim 3.2\text{m}^{-2}/\text{m}^2$，玉米生长过程 LAI 最大值为 $2.5 \sim 2.6\text{m}^{-2}/\text{m}^2$。根据FAO-56中的小麦、玉米生长期划分结果及当年的作物生长情况，研究区小麦、玉米生长阶段的划分及对应的气象条件见表5-1。

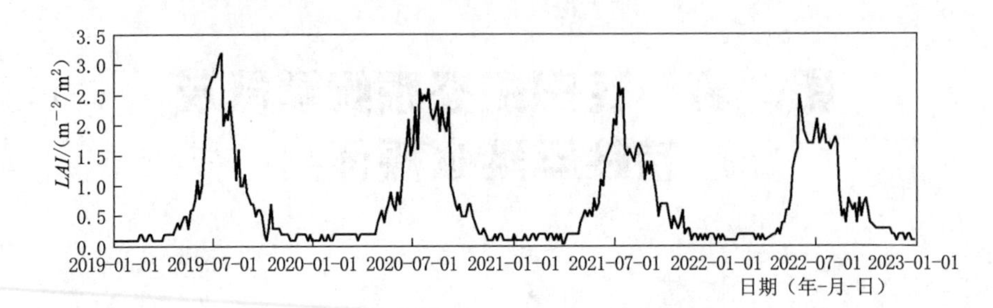

图 5-1　观测期农田叶面积指数变化

表 5-1　　小麦和玉米生长阶段划分及气象要素情况

年份/作物	生长期	天数	T_a /℃	u /(m/s)	R_n /(W/m²)	VPD /kPa	PRE /mm	VWC_10cm /%	ET_a /mm	ET_0 /mm
2019/小麦	生长初期	25	8.1	2.65	60.1	0.94	0.00	22.8	0.21	3.42
	快速生长期	32	13.9	2.77	113.4	1.00	53.70	24.9	1.64	3.99
	生长中期	60	18.5	2.09	146.0	1.13	115.8	25.8	3.36	4.62
	生长后期	11	20.8	1.51	161.6	1.09	0.10	21.4	3.60	4.70
	整个生长季	128	15.5	2.32	128.3	1.06	169.6	24.6	2.33	4.24
2020/玉米	生长初期	31	15.5	2.60	119.9	1.48	4.50	17.6	1.23	4.88
	快速生长期	45	19.9	2.24	132.4	1.47	20.60	15.6	2.66	4.80
	生长中期	44	21.9	1.35	127.1	1.23	29.50	14.9	3.37	4.00
	生长后期	59	15.4	1.57	99.0	0.79	62.50	17.3	1.43	3.09
	整个生长季	179	18.2	1.86	117.8	1.19	117.1	16.4	2.18	4.05
2021/小麦	生长初期	27	7.6	2.61	75.8	0.64	25.70	16.4	0.73	2.61
	快速生长期	32	14.6	2.90	99.8	1.26	14.10	16.7	1.32	4.33
	生长中期	60	20.3	2.14	138.9	1.45	66.60	13.9	2.67	5.05
	生长后期	11	25.6	1.40	183.9	1.70	0.00	11.8	4.73	5.87
	整个生长季	130	16.7	2.37	120.0	1.26	106.4	15.0	2.11	4.43
2022/玉米	生长初期	31	15.7	2.40	106.4	1.41	5.00	17.4	0.98	4.44
	快速生长期	45	22.3	2.11	140.3	1.69	23.40	15.7	3.38	5.37
	生长中期	43	23.5	1.31	133.5	1.12	77.90	16.4	4.24	4.17
	生长后期	63	15.9	1.62	87.8	0.96	13.30	14.1	1.50	3.23
	整个生长季	182	19.2	1.80	114.7	1.26	119.6	15.7	2.52	4.19

注　表中降水量 PRE 为累积值，其他指标均为平均值。

不同年份小麦、玉米的生长期长度基本一致，生长阶段的划分因每年作物生长实际情况有所差异。研究区玉米生长阶段的划分与 FAO－56 的建议相似；小麦由于播种时间较早，气温较低，生长初期生长较为缓慢，比 FAO－56 建议的生长初期时间较长。小麦整个生长期较短，收获时间为 7 月下旬，根据表 5－1 可知，此时为一年中温度、净辐射最高的时期，且仍具有上升趋势，小麦的生长中期与生长后期无明显界限，且生长后期时间较短。小麦生长季的温度和净辐射随着生育期在不断上升，而玉米生长季的温度和净辐射一般在快速生长期或者生长中期达到最大，饱和水汽压差的变化与净辐射一致。研究区的降水量主要集中在生长季，一般在生长中期降水量最大。研究区表层土壤含水率在生长季整体偏低，并和降水量有一定的相关性。

5.2 小麦、玉米蒸散发及其分量

5.2.1 作物蒸腾和土壤蒸发季节变化特征

为明确研究区蒸散发量及其分量的季节变化特征，基于潜在水分利用效率模型分别对小麦和玉米生长年份的蒸散发量进行了分离，分离后的农田蒸散发量（*ET*）、作物蒸腾量（*T*）和土壤蒸发量（*E*）的日值变化情况如图 5－2 所示。

由图 5－2（b）和图 5－2（d）可知，玉米的 *ET*、*T* 和 *E* 具有相似的季节变化过程，在非生长季蒸散发量及其分量均较小，变化范围均在 0～1mm，*ET* 主要表现为土壤蒸发的形式。在玉米生长季，随着玉米叶面积指数的增大，玉米蒸腾量从 0.5mm 逐渐增大至 3.1mm；在玉米生长后期，随着总辐射的减小及冠层叶片的衰老，*T* 再次降至 0.5mm 以下。玉米生长季土壤蒸发量 *E* 变化趋势与 *T* 相反，生长季 *E* 最大值达 4.8mm。由于玉米株距和行距较大，生长初期和快速生长期 *LAI* 较小，太阳辐射透过冠层照射在地表，土壤蒸发量较大，蒸发量主要表现为土壤蒸发量；生长中期 *LAI* 较大，太阳辐射被冠层叶面阻挡，土壤蒸发量减小，作物蒸腾量增加；生长后期随着作物蒸腾量的减小，土壤蒸发量再次小幅增加。无论是作物蒸腾还是土壤蒸发，其季节变化均与净辐射有关，因此整体上 *ET*、*T*、*E* 都与净辐射变化趋势相同。另外，研究区土壤含水率整体偏低，在降雨或者灌溉后，随着表层土壤含水率的增大，土壤蒸发量会明显增加。

小麦种植年份 *ET*、*T* 和 *E* 的季节变化过程与玉米相似，小麦 *T* 最大值为 4.2mm，*E* 的最大值为 3.4mm。不同的是小麦种植密度较大，随着小麦的生长，快速生长期 *LAI* 增长较快，生长中期和生长后期作物蒸腾量较大。由于小麦成熟期较短，收获时间较早，小麦收获后 *T* 会有所降低，但由于此时正值植物生长旺季，田间杂草等作物蒸腾作用依然存在，故田间蒸散发量依然较大，并持续至10月，此时期田间蒸散发量主要表现为土壤蒸发。另外，2021年小麦生长季初期和快速生长期 ET、T、E 与2019年有较大差别，主要是由于该时期小麦发生病害，叶片生长迟缓导致作物蒸腾量较小。

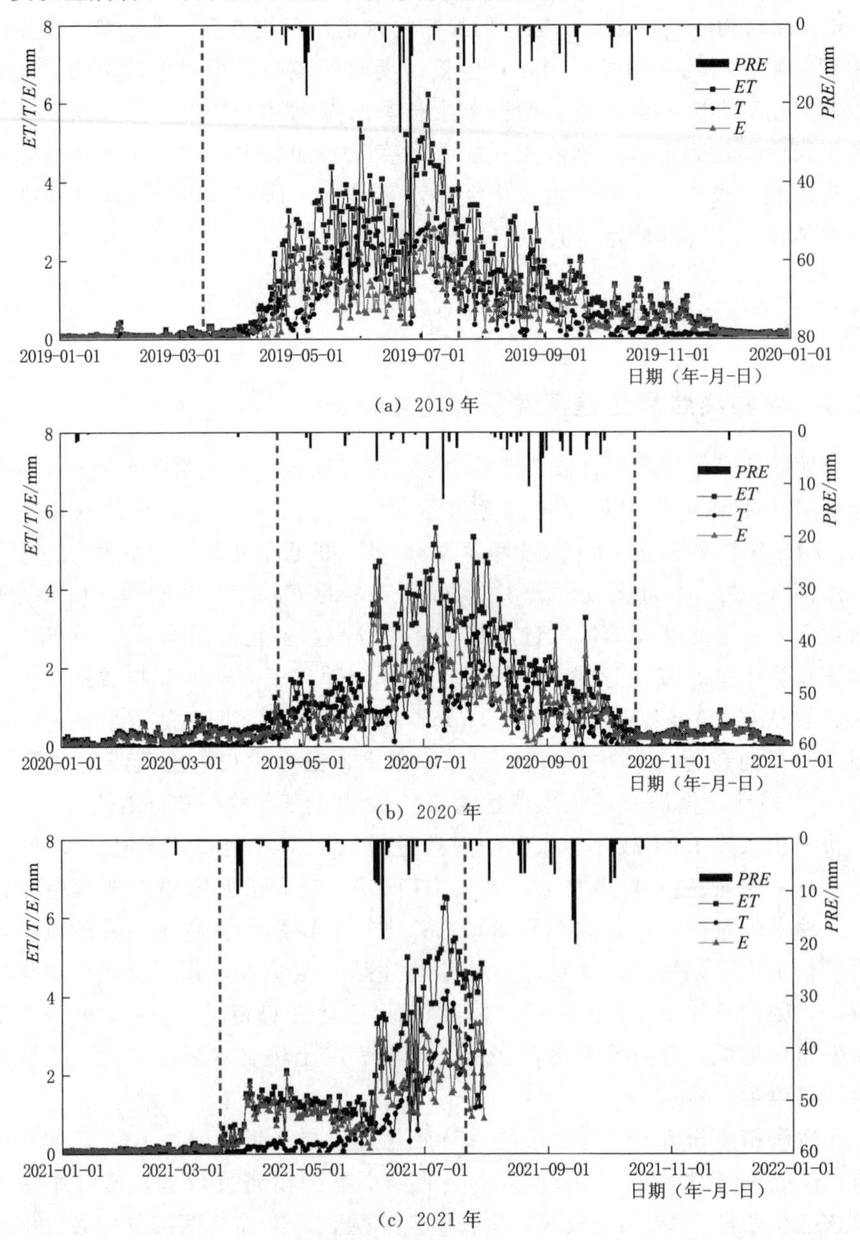

图5-2（一） 观测期蒸散发、作物蒸腾和土壤蒸发的季节变化

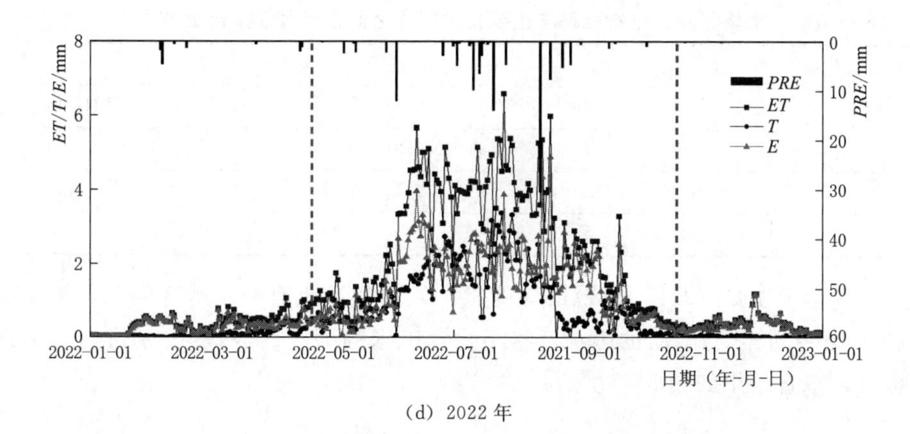

(d) 2022 年

图 5-2（二） 观测期蒸散发、作物蒸腾和土壤蒸发的季节变化

5.2.2 环境及生物因子对作物蒸腾和土壤蒸发的影响

本文第 4 章中对作物蒸散发量（ET）的环境因子分析结果显示，ET 受到空气和土壤等多个环境因子的影响。为进一步研究蒸散发拆分后得到的 E 和 T 对环境及生物因子的响应，分别对生育期内的 E 和 T 有关的因子进行偏相关分析，结果见表 5-2。小麦、玉米生长季的 T 均与 R_n 和 LAI 呈显著正相关关系，其中小麦生长季的 T 还与 T_a 呈显著正相关关系，与其他因素具有相关性但不显著，这与其他研究中 T 与 VPD 存在相关关系的结论存在差异，主要是因为本次研究中 VPD 与 R_n、T_a 存在共线性情况。小麦和玉米生长季的 E 均与 R_n、T_s 呈显著正相关关系。由此可见，R_n 对 T、E 均为主要控制作用，T 同时受到作物冠层生长状况的影响，而 E 同时受到土壤温度的影响。

表 5-2 土壤蒸发、作物蒸腾与影响因子偏相关分析结果

蒸散发分量	作物	LAI	R_n	T_a	VPD	u	rH	T_s
T	小麦	0.290*	0.332*	0.342*	−0.056	−0.160	−0.072	−0.247
	玉米	0.309**	0.295**	0.072	0.109	−0.28	−0.118	0.184
E	小麦	0.023	0.64***	0.062	−0.139	0.133	0.06	0.107*
	玉米	0.012	0.335**	0.042	−0.111	−0.503	−0.021	0.216*

选择偏相关分析中 E 和 T 的主要因素，分别进行多元线性拟合，结果见表 5-3。被选择的因素可以较好地预测小麦、玉米生育期内的 E 和 T，决定系数 R^2 均在 0.6 以上，选择的环境及生物因子可以解释生育期内 E 和 T 日值 60%～69%的变异性。

表 5-3　土壤蒸发、作物蒸腾与主要相关因子之间多元线性拟合结果

蒸散发分量	作　物	多元线性方程	R^2
T	小麦	$T=0.375LAI+0.086R_n+0.054T_a-1.054$	0.691
	玉米	$T=0.474LAI+0.079R_n-0.346$	0.630
E	小麦	$E=0.092R_n+0.040T_s-0.454$	0.603
	玉米	$E=0.300R_n+0.114T_s-1.411$	0.693

作物蒸散发量（ET）对冠层导度（G_c）的响应具有一定范围限制，为了解 E 和 T 是否同样受到 G_c 的影响，将小麦、玉米的 E、T 与 G_c 分别进行了非线性拟合，拟合结果如图 5-3 所示。

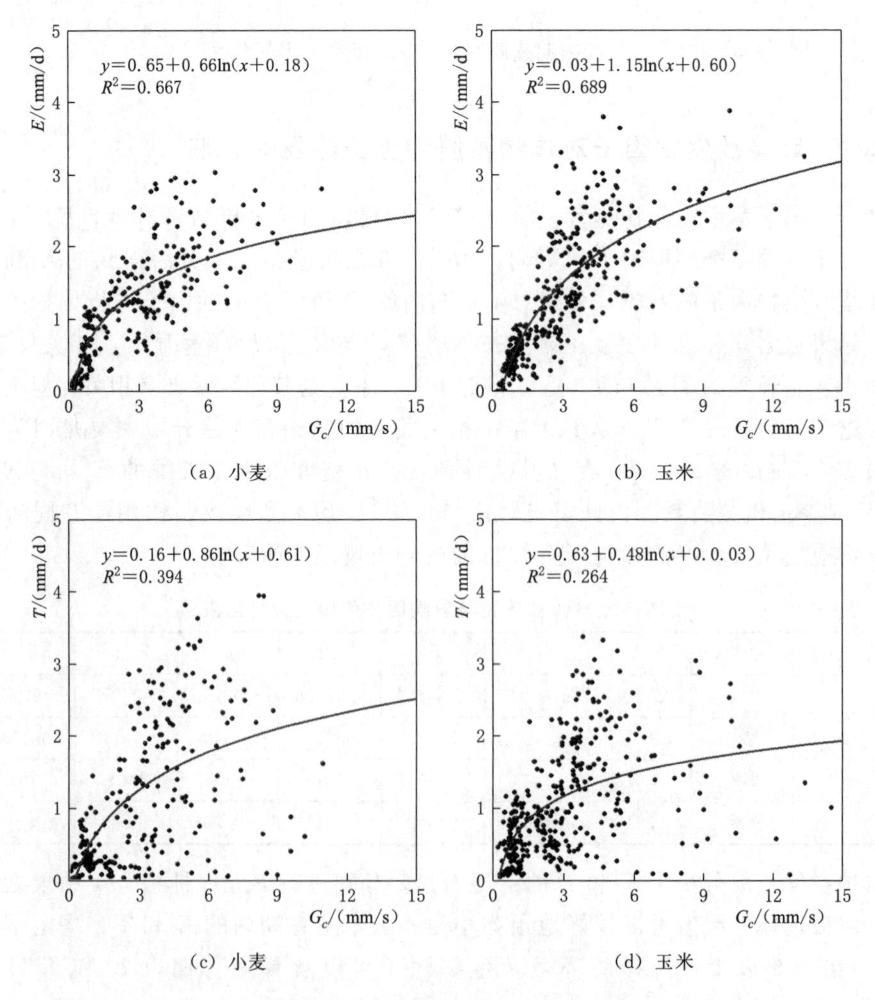

图 5-3　土壤蒸发量、作物蒸腾量与冠层导度拟合关系

由图5-3(a)和图5-3(b)可知，小麦和玉米生长季的E和G_c之间存在对数相关关系，决定系数R^2均在0.60以上。当G_c小于某一阈值时，E随G_c的增大而上升，G_c为E的主要影响因子，即E受下垫面作物的影响；在G_c达到某一阈值后，E对G_c不再敏感，该阈值小麦生长季为8mm/s，在玉米生长季为10mm/s。与其他研究不同的是，T与LAI的拟合关系不如T与G_c的指数函数关系显著，这可能与通过遥感提取的LAI数据准确度有关。由图5-3(c)和图5-3(d)中T和G_c的拟合情况看，无论小麦还是玉米，T随G_c的变化变异性较大，但在线性拟合中LAI对T存在相关关系，这说明LAI对T的影响可能是直接的，G_c对T的影响是间接的。

5.3 农田生态系统耗水规律

5.3.1 小麦、玉米不同生育期耗水量

为明确小麦、玉米不同生长时期土壤蒸发量和作物蒸腾量的变化特征，对分离后的蒸散发进行分阶段统计。研究区为干旱灌区，每年仅有一季作物，非生长季时间较长，故对非生长季蒸散发分量同时进行了统计分析，结果见表5-4。小麦、玉米因生长季长短的不同，不同生长阶段蒸散发总量及其分量存在较大差异；同种作物不同年份受气象条件不同的影响，蒸散发及其分量也同样存在变异性。在生长季，小麦的T/ET表现为先减小后增大的过程，主要是因为在快速生长期作物叶面积尚未达到最大，作物蒸腾作用增长较慢，而受土地耕作、降水等影响，土壤蒸发作用快速增大，故T/ET在快速生长期减小；而在生长中期和生长后，太阳净辐射、温度及饱和水汽压差等均处于增长过程，小麦蒸腾量逐步大于土壤蒸发量，且T/ET呈增长趋势。生长季小麦的T/ET值为0.53(2021年可能因小麦发生病害，T/ET明显偏小，参考性较差)，即作物蒸腾量与土壤蒸发量相当；非生长季小麦的T/ET值为0.40，即作物蒸腾量小于土壤蒸发量；全年时段来看，T/E值为0.48，即作物蒸腾量小于土壤蒸发量，这与小麦非生长季较长有关，土壤蒸发量总体较大。

在玉米的不同生长阶段，T/ET均表现为先减小后增大、再减小的变化特征，在生长后期T的比例再次降低主要是因为玉米成熟期较长，随着冠层的衰退T逐渐减小。整个生长季玉米的T/ET平均值为0.44，即作物蒸腾量小于土壤蒸发量；非生长季玉米的T/ET平均值为0.20，即蒸散发主要以土壤蒸发的形式消耗；从全年时间来看，玉米种的T/ET平均为0.41，即同样为作物蒸腾量小于土壤蒸发量。由此对比可知，小麦种植年份作物蒸腾占蒸散发的比例高于玉米，小麦种植年份T与E占比相当，玉米种植年份T明显小于E，玉米蒸散发主要以土壤蒸发为主。

表 5-4　农田不同时期蒸散发拆分和水量平衡结果

年份	作物	生长期	ET /mm	E /mm	T /mm	T/ET	PRE /mm	I /mm	水量平衡 /mm
2019	小麦	生长初期	5.9	3.5	2.4	0.41	0.0	0.0	−5.9
		快速生长期	52.4	33.4	19.0	0.36	53.7	0.0	1.3
		生长中期	201.6	86.2	115.4	0.57	115.8	503.0	417.2
		生长后期	39.6	16.8	22.8	0.58	0.1	0.0	−39.5
		整个生长季	299.5	139.9	159.6	0.53	169.6	503.0	373.1
		非生长季	179.7	107.8	72.1	0.40	113.6	0.0	−66.1
		全年	479.2	247.7	231.5	0.48	283.2	503.0	307.0
2020	玉米	生长初期	38.3	17.2	21.0	0.55	4.5	198.0	164.2
		快速生长期	119.8	72.8	47.0	0.39	20.6	168.0	68.8
		生长中期	148.2	73.3	74.9	0.51	29.5	133.5	14.8
		生长后期	84.6	46.1	38.5	0.46	62.5	130.5	108.4
		整个生长季	390.9	209.4	181.4	0.46	117.1	630.0	356.2
		非生长季	70.4	56.4	14.1	0.20	8.7	455.0	393.3
		全年	461.3	265.8	195.5	0.42	125.8	1085.0	749.5
2021	小麦	生长初期	20.0	16.8	3.2	0.16	25.7	0.0	5.7
		快速生长期	42.2	36.0	6.2	0.15	14.1	0.0	−28.1
		生长中期	163.1	91.3	71.8	0.44	66.6	489.0	392.5
		生长后期	53.1	21.1	32.0	0.60	0.0	0.0	−53.1
		整个生长季	278.3	165.2	113.2	0.41	106.4	489.0	317.1
		非生长季	—	—	—	—	—	—	—
		全年	—	—	—	—	—	—	—
2022	玉米	生长初期	30.4	14.7	15.7	0.52	5.0	209.0	183.6
		快速生长期	152.1	84.0	68.1	0.45	23.4	183.0	54.3
		生长中期	182.6	99.3	83.3	0.46	77.9	165.0	60.3
		生长后期	94.6	69.1	25.5	0.27	13.3	163.0	81.7
		整个生长季	459.7	267.1	192.6	0.42	119.6	720.0	379.9
		非生长季	74.0	60.0	14.0	0.19	12.1	457.0	395.1
		全年	533.7	327.1	206.6	0.39	131.7	1177.0	775.0

小麦生长季的总耗水量平均为288.9mm，其中生长中期耗水量最大，占总耗水量的63.1%，快速生长期和生长后期耗水量相当，占总耗水量的16%左右，生长初期耗水量最小，仅占总耗水量的4.5%。玉米生长季总耗水量平均为425.3mm，其中生长中期耗水量最大，占总耗水量的38.9%，快速生期耗水量次之，占总耗水量的32.0%，生长中期占总耗水量的21.1%，生长初期耗水量最小，仅占总耗水量的8.1%。由此可见，由于玉米生长季较长，不仅总耗水量大于小麦，而且在不同生育期与小麦耗水特征存在较大差异。

由表5-4统计的水量平衡情况来看，在研究区现状降水和灌溉条件下，小麦在生长后期表现出一定的水分亏缺，在其他生长阶段基本均表现为水分充沛。玉米生长季的各个时期总的来水量（降水和灌溉量之和）均大于农田蒸散发总量，即整体来看水分充足，这与第4章中蒸散发表面参数的分析结果一致。但在实际观测中存在部分短时期水分亏缺情况，这可能是因为研究区土壤渗透系数较大，在地面灌溉的方式下，灌溉水下渗较快，转化为地下水并向低洼盆地区域运动，难以被作物利用。另外由表5-4可知，研究区自然总降水量远小于小麦、玉米农田蒸散发水量，作物生长主要依靠地表灌溉，但目前地面灌溉的灌溉量大于作物生长需求量，存在一定的水资源浪费问题。但是大水灌溉能够起到洗盐、冬季保墒等作用，因此干旱区灌溉制度的制定需要综合考虑作物需水量和土壤盐渍化等因素。

5.3.2 农田土壤水量平衡特性

5.3.2.1 年度水量平衡

农田土壤的水量平衡状态能够表征田间水分的利用特征。依据水量平衡方程可对小麦、玉米种植年份60cm处的水分交换量（*EF*）进行计算，表5-5为4年来土壤水量平衡情况统计结果。小麦种植年份仅在生长季进行灌溉，灌溉总量平均为496mm（相当于330m^3/亩）；玉米由于生长季较长，灌溉次数较多，总灌溉量较小麦大，平均为675mm（相当于450m^3/亩）；玉米种植年份非生长季存在春灌（*SI*）和冬灌（*WI*），且灌溉量较大，平均灌溉量为457mm（相当于305m^3/亩）。小麦种植年份全年降水量和灌溉量的64.3%用于蒸散发，约35.7%发生水分深层渗漏；玉米非生长季春灌和冬灌水量较大，且该时期蒸散发量较小，因此深层水分渗漏量较大，约占降水和灌溉量的61.8%。研究区深层水分交换量较大，一方面与当地的土壤渗透系数较大有关，另一方面与灌溉量和灌溉方式有关，有时单次灌溉量大于60mm，且灌溉时间较为集中，多余水量产生渗漏，同时这也与当地农户的灌溉理念有关。水分向下渗漏能够起到淋洗土壤表层盐分的作用，但浪费了一定的水资源，这种灌溉模式的长时期运行，当地地下水埋深将逐渐减小，进而引起土壤盐渍化的快速发展。

表 5-5　　农田土壤年度水量平衡

作物	年份	PRE /mm	I /mm	SI /mm	WI /mm	PN /mm	ET /mm	EF /mm	$EF/(PRE+I+SI+WI)$	η
小麦	2019	283.2	503	—	—	176.9	479.2	280.6	0.357	0.601
	2021	206.8	489	—	—	—	—	—	—	—
	平均	245	496	—	—	—	—	—	—	—
玉米	2020	125.8	630	233	222	78.8	461.3	779.8	0.644	0.353
	2022	131.7	720	248	209	85.6	533.7	774.0	0.591	0.381
	平均	128.75	675	241	216	82.2	497.5	776.9	0.618	0.367

从全年来看，小麦的田间水利用效率为0.601，玉米的田间水利用效率为0.367，明显低于小麦，主要是因为非生育期的春灌和冬灌渗漏量大导致，两种作物田间水利用效率均明显低于节水灌溉工程技术规范中的“旱作物灌区不宜低于0.9”的标准。由此可见，研究区的田间水利用效率还有较大提升空间，需要处理好节水控盐与大水灌溉洗盐间的关系。

5.3.2.2　深层水分交换

土壤深层水分交换影响地下水位的变化。为探明小麦、玉米生长期土壤深层水分交换情况，按照水量平衡方程计算不同生长阶段的土壤深层水分交换量，见表5-6和表5-7。小麦的生长初期、快速生长期和生长后期土壤深层水分交换一般为向上的通量，主要是因为小麦生长初期和快速生长期虽然实际蒸发蒸腾并不强烈，但无灌溉活动，降水量较小，土壤含水量的增加主要来自于深层土壤；生长后期降水量和灌溉水量基本为零，土壤贮水量减小，在蒸发蒸腾作用下土壤水分向上运动。小麦生长中期，土壤贮水量减小，大量灌溉水在水势梯度的作用下向下运动，因此深层水分交换为向下的通量，灌溉水向下渗漏过程将淋洗浅层土壤盐分。小麦整个生长季，尽管年份不同及土壤贮水量变化不同，但深层水分交换整体均为向下的通量。

表 5-6　　小麦生长期深层水分交换与水量平衡

年份	阶段	EF/mm	ET/mm	$I+PRE$/mm	ΔSW/mm	ET_0/mm
2019	生长初期	−44.7	5.9	0.0	38.8	99.2
	快速生长期	−27.5	52.4	53.7	28.8	127.8
	生长中期	433.1	201.6	618.8	−15.9	277.2
	生长后期	−17.4	39.6	0.1	−22.1	51.7
	整个生长季	349.1	299.5	672.6	24.0	555.9

续表

年份	阶段	EF/mm	ET/mm	$I+PRE$/mm	ΔSW/mm	ET_0/mm
2021	生长初期	5.4	20.0	25.7	2.9	75.8
	快速生长期	−27.5	42.2	14.1	−5.7	138.6
	生长中期	396.9	163.1	555.6	−43.5	302.8
	生长后期	−52.7	53.1	0	−3.6	64.6
	整个生长季	322.1	278.3	595.4	−50.4	581.8

表 5-7　玉米生长期深层水分交换与水量平衡

年份	阶段	EF/mm	ET/mm	$I+PRE$/mm	ΔSW/mm	ET_0/mm
2020	生长初期	176.1	38.3	202.5	−11.9	151.2
	快速生长期	79.8	119.8	188.6	−11.0	216
	生长中期	17.8	148.2	163.0	−3.0	176
	生长后期	102.9	84.6	193.0	5.5	182.1
	整个生长季	376.7	390.9	747.1	−20.5	725.3
2022	生长初期	192.1	30.4	214	−8.5	137.7
	快速生长期	65.7	152.1	206.4	−11.4	241.6
	生长中期	51.6	182.6	242.9	8.7	179.3
	生长后期	107.5	94.6	176.3	−25.8	203.4
	整个生长季	415.3	459.7	839.6	−35.4	762

由表 5-7 可知，玉米生长期各阶段深层水分交换通量均为向下的通量，这主要是因为玉米各生长阶段均存在灌溉活动，且灌溉量较大，受土壤性质和水势梯度的影响，灌溉水向下运动。在灌溉水量和降水量相差不大的情况下，玉米生长初期向下的深层水分交换量较大，主要是因为生长初期的蒸散发量较小，大量水分向下运动；快速生长期和生长中期则相反，蒸散发量较大，向下渗漏的水量则减小。

5.4　小麦、玉米作物系数及变化特性

5.4.1　小麦、玉米作物系数确定

为确定适合研究区当地的参考作物系数，基于涡度相关通量数据，对观测期小麦、玉米生长季的作物系数进行计算，并与 FAO-56 提出的作物系数标准值及调整值进行对比。标准作物系数曲线和考虑气候、土壤灌溉等因素调整的作物系数曲线生长期的长度按照 FAO-56 中提出的建议生长期长度，基于观测

站涡度观测通量数据确定的作物系数曲线采用实际的作物生长期长度。图5-4中分别为FAO-56标准作物系数参考曲线、FAO-56调整作物系数曲线、观测年实测作物系数曲线、多个观测年份平均作物系数曲线和作物系数实测日值散点。由图5-4(a)和图5-4(b)可知，小麦生长季随着叶面积的增长，作物系数由生长初期的0.2增长至0.72，其中在生长初期由于降雨等因素影响，土壤蒸发量变异性较大，故该时期作物系数存在较大波动；小麦生长中期作物系数的平均值仅为0.72（该值因2021年小麦病害偏低），明显低于FAO-56提出的作物系数标准值和基于该点气候数据调整后的作物系数值；在生长后期，作物系数平均值为0.61，明显高于FAO-56标准值和调整值，主要是因为小麦生长后期时间较短，且该时期净辐射、温度等正值当地年度最大值时期，受观测

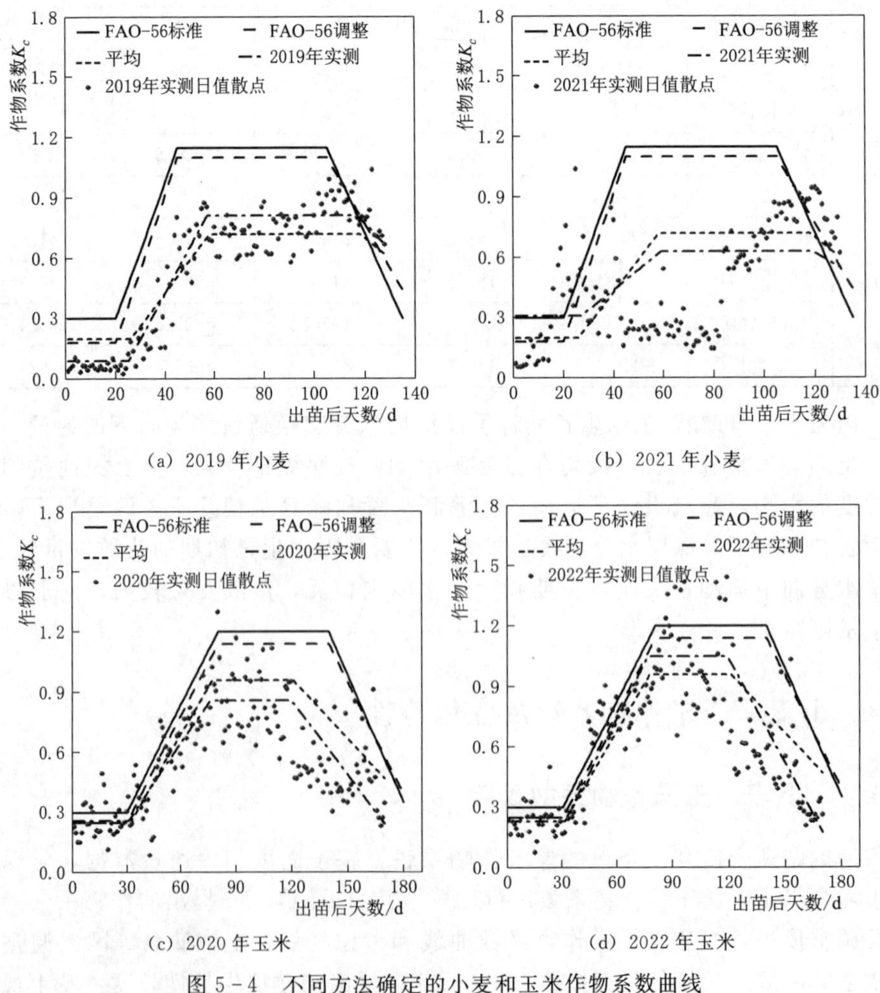

(a) 2019年小麦　(b) 2021年小麦

(c) 2020年玉米　(d) 2022年玉米

图5-4　不同方法确定的小麦和玉米作物系数曲线

区内存在的杂草等植物的影响，实际蒸散发量较大，并未因小麦的成熟而明显减小。整体来看 FAO－56 提出的作物系数标准值及调整值与景泰县当地小麦生长季的作物系数存在差异，生长阶段划分与本书实际观测生长阶段也不完全相符。

由图 5－4（c）和图 5－4（d）可知，玉米生长季作物系数随叶面积的增大，由 0.25 增长到 0.96，进入生长后期随着冠层叶片的衰老，作物系数逐渐下降至 0.35。其中在生长初期，基于实测数据的作物系数与 FAO－56 标准值和调整值基本相符，略高于小麦生长季作物系数，主要是因为玉米播种期和生长初期均有灌溉，其平均气温较高，土壤蒸发量较大；在生长中期，基于实测数据的作物系数为 0.86～1.05，略小于 FAO－56 标准值和调整值；在生长后期，玉米实测数据计算的作物系数为 0.34～0.35，与 FAO－56 标准值和调整值基本一致。整体来看，景泰县当地的作物系数与 FAO－56 调整后作物系数相近，即根据当地气候条件确定的作物系数能够代表当地的作物系数。景泰县当地玉米生长中期长度比 FAO－56 较短，但生长后期长度较长。

不同方法确定的作物系数值见表 5－8，其中生长中期作物系数为各生长阶段最大，且生长中期时间较长，对作物整个生长季的蒸散发量有较大影响。对比其他研究成果发现，本书研究得出的景泰县当地玉米生长中期作物系数与关中平原[34]（1.00）、半干旱区的山西寿阳[123]（1.01）、干旱区河西走廊[124]（0.88～0.93）及湿润区的意大利 Landriano[125]（0.99）等基于涡度相关系统的研究结果基本一致，但比干旱区的甘肃武威[42]（1.39～1.46）及半干旱区的美国 Nebraska[23]（1.25）明显较低，这与上述地区灌溉量或降水量较大有关。景泰县当地小麦生长中期作物系数比半湿润易干旱区陕西杨凌[126]（1.25～1.43）、半干旱区的内蒙古奈曼[127]（1.26）及半干旱区的美国 Nebraska[128]（1.08～1.26）研究明显较低，而上述其他地区研究结果主要采用蒸散仪、波文比法及水量平衡法等开展研究，这说明基于当地实测数据确定的作物系数受到当地气候条件、生长季节及耕作方式的影响，还受到蒸散发量观测方法的影响。Peddinti 等[129]、王振龙等[130]、余昭君等[131] 研究发现蒸散仪观测的蒸散发量存在一定程度的高估情况，主要是因为蒸散仪观测区域相对较小，虽然涡度相关系统因能量闭合率问题容易造成蒸散发量的低估，但涡度相关系统观测区域相对较大，更能代表研究区的整体平均水平。

为证实根据当地涡度观测数据得到的作物系数的准确性，将按照作物系数计算而来的小麦、玉米蒸散发量（ET_c）与涡度相关系统观测的作物蒸散发量（ET_a）进行线性拟合分析，结果如图 5－5 所示。2021 年小麦因生长初期和快速生长期发生病害，蒸散发量估算值与实测值差异较大，不具有代表性。2019 年小麦蒸散发量估算值与实测值拟合关系较高，决定系数 R^2 为 0.848，*RMSD* 值

表 5-8 根据涡度实测数据确定的研究区小麦和玉米作物系数

作物	作物系数	FAO-56 标准	FAO-56 调整	2019年	2020年	2021年	2022年	平均
小麦	K_{c-ini}	0.30	0.22	0.09	—	0.31	—	0.20
	K_{c-mid}	1.15	1.10	0.81	—	0.63	—	0.72
	K_{c-late}	0.30	0.44	0.67	—	0.55	—	0.61
玉米	K_{c-ini}	0.30	0.25	—	0.26	—	0.23	0.25
	K_{c-mid}	1.20	1.14	—	0.86	—	1.05	0.96
	K_{c-late}	0.35	0.37	—	0.35	—	0.34	0.35

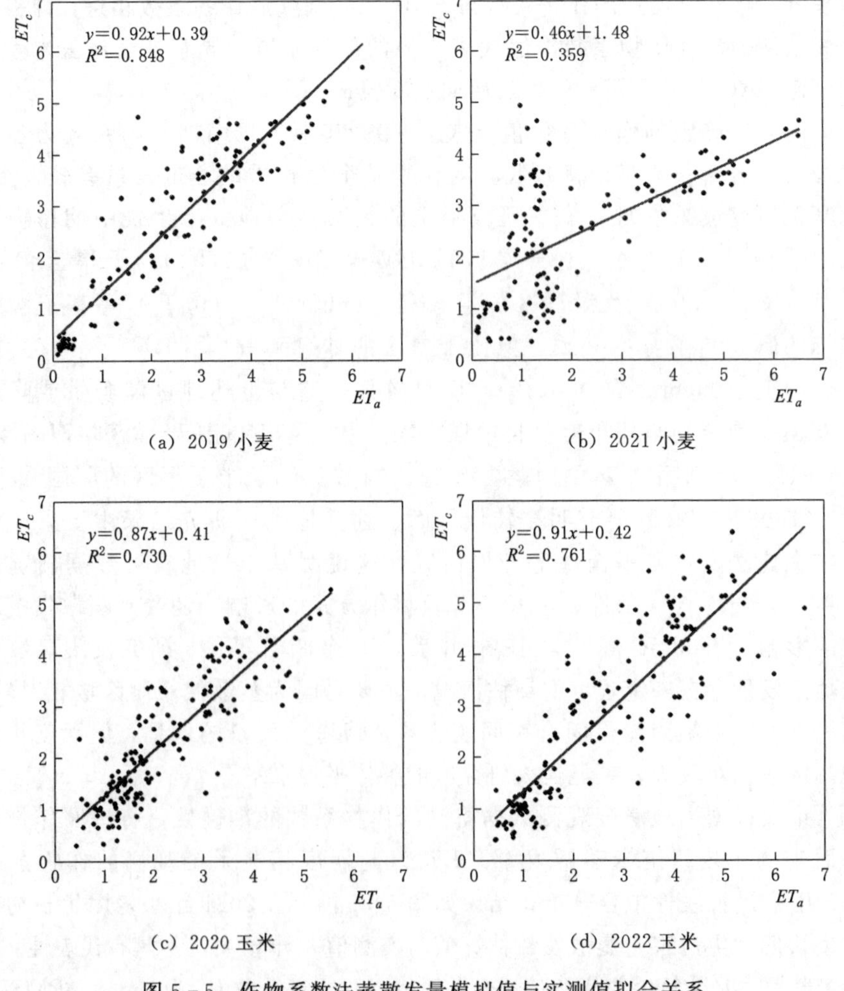

(a) 2019 小麦 (b) 2021 小麦

(c) 2020 玉米 (d) 2022 玉米

图 5-5 作物系数法蒸散发量模拟值与实测值拟合关系

为 0.34mm。玉米生长季蒸散发量估算值与实测值线性拟合决定系数 R^2 为 0.730～0.761，*RMSD* 值为 0.42～0.68mm。整体来看，除了 2021 年外，由当地实测蒸散发量计算得到的作物系数可以用于研究区蒸散发量的预测，也可利用该作物系数估算小麦、玉米作物需水量。在作物生长中期蒸散发估算值与实测值存在较大差异，这可能是因为在生长中期灌溉频次较多，土壤蒸发量受灌溉影响出现较大的变异性，从而导致生态系统蒸散发量也发生较大的波动。

5.4.2 作物系数的季节变化特征

由蒸散发量（*ET*）经过拆分后得到的 T 和 E 可以分别对应得到基础作物系数（K_{cb}）和土壤蒸发系数（K_e），研究二者的变化特征有利于更准确估算作物的蒸腾蒸发量。生长季内小麦、玉米 K_{cb} 和 K_e 变化过程如图 5-6 所示。小麦生长季，K_{cb} 的变化范围为 0～0.72，最大值出现的时间存在差异，一般在出苗后 80d 以后。其中，生长初期和快速生长期 K_{cb} 从 0.15 逐渐增大至 0.72；生长中期 K_{cb} 变化范围为 0.30～0.70，生长后期 K_{cb} 随着小麦的成熟有所下降，但由于其他杂草植物的存在，田间 K_{cb} 仍然较大，并未下降至播种前水平。由于 2021 年小麦快速生长期病害及气候原因导致了生长期整体延后。小麦生长季 K_e 的变化范围为 0～1.05，最大值一般出现播种后 40～50d 的快速生长期。在生长初期和快速生长期，小麦的 K_e 呈现逐渐增大趋势，尤其是在快速生长期，由于作物叶面积指数尚未达到较大值，加上土壤耕种活动的影响，土壤蒸发量增大，K_e 快速增大至最大 1.05 左右；随着植被覆盖度的逐步增大，K_e 又逐渐减小，并在生长中期下降至 0.2 左右；随着作物的成熟，冠层叶片衰落，K_e 再次增大至 0.55 左右。

由图 5-6（c）和图 5-6（d）可知，玉米两年观测数据计算得到的 K_{cb} 和 K_e 变化过程较为一致，与小麦生长季不同的是玉米生长后期时间较长，作物系数变化过程与小麦存在差异。玉米的 K_{cb} 变化范围为 0～0.75，峰值整体比小麦较大，最大值为 0.75；生长中期玉米的 K_{cb} 变化范围为 0.2～0.75，蒸腾量略大于小麦，在其他研究中，玉米生长中期的 K_{cb} 较大（1.05～1.15）；在生长后期，玉米的 K_{cb} 随着冠层的衰落逐渐降低至 0.05 左右。玉米生长季的 K_e 同样在生长初期和快速生长期逐渐增大至 0.6 左右；在生长中期玉米的 K_e 不断出现波动，波动范围为 0.3～1.08，这主要是因为玉米生长中期在多次灌溉快速蒸发条件下，土壤表层含水率波动较大，土壤蒸发量对土壤水分含量较为敏感；在生长后期 K_e 逐渐减小至播种期水平。

由图 5-6 整体来看，小麦和玉米的 K_{cb} 随出苗后天数的变化趋势与 K_e 的变化趋势一致，但 K_e 的变异性更大，且 K_{cb} 值比 K_e 值略小，即在干旱区，土壤蒸发量大于作物蒸腾。玉米的 K_{cb} 和 K_e 均比小麦大，即玉米的耗水强度大于小麦。作物系数受到气象条件、作物品种、耕作方式等多方面因素的影响，这些最终可能体现在作物物候期确定问题上，因此近年来也有学者采用叶面积指数[132]、有效积温[133] 等替代出苗后天数来计算确定作物系数。

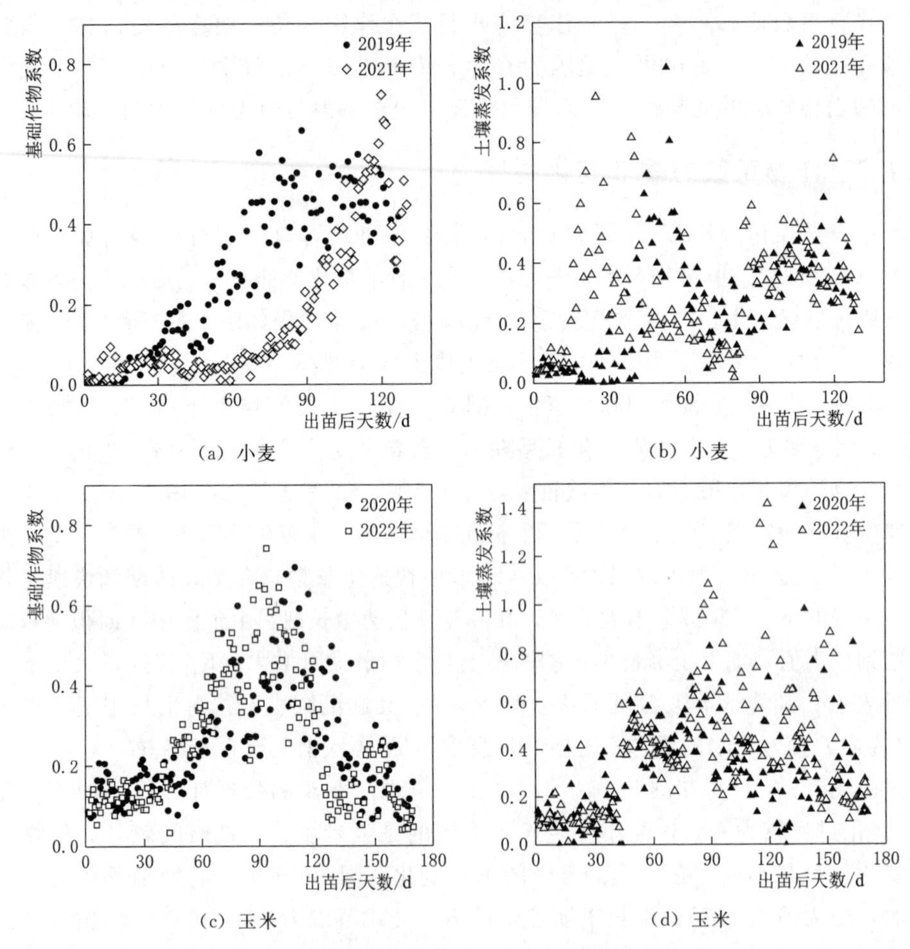

(a) 小麦 (b) 小麦

(c) 玉米 (d) 玉米

图 5-6 基础作物系数和土壤蒸发系数变化过程

5.4.3 生物因子对作物系数的影响

由前文生物因子对土壤蒸发量（E）与作物蒸腾量（T）的影响分析可知，E 与冠层导度（G_c）存在显著的非线性关系，但 T 与 G_c 的关系不显著，而且在本书中 T、E 与叶面积指数（LAI）的非线性拟合关系也不显著。为确定作物系数是否与 G_c 和 LAI 存在显著的非线性关系，本节对蒸散发量拆分后得到基础作物系数（K_{cb}）和土壤蒸发系数（K_e），分别与 G_c 和 LAI 进行非线性拟合，结果如图 5-7 和图 5-8 所示。

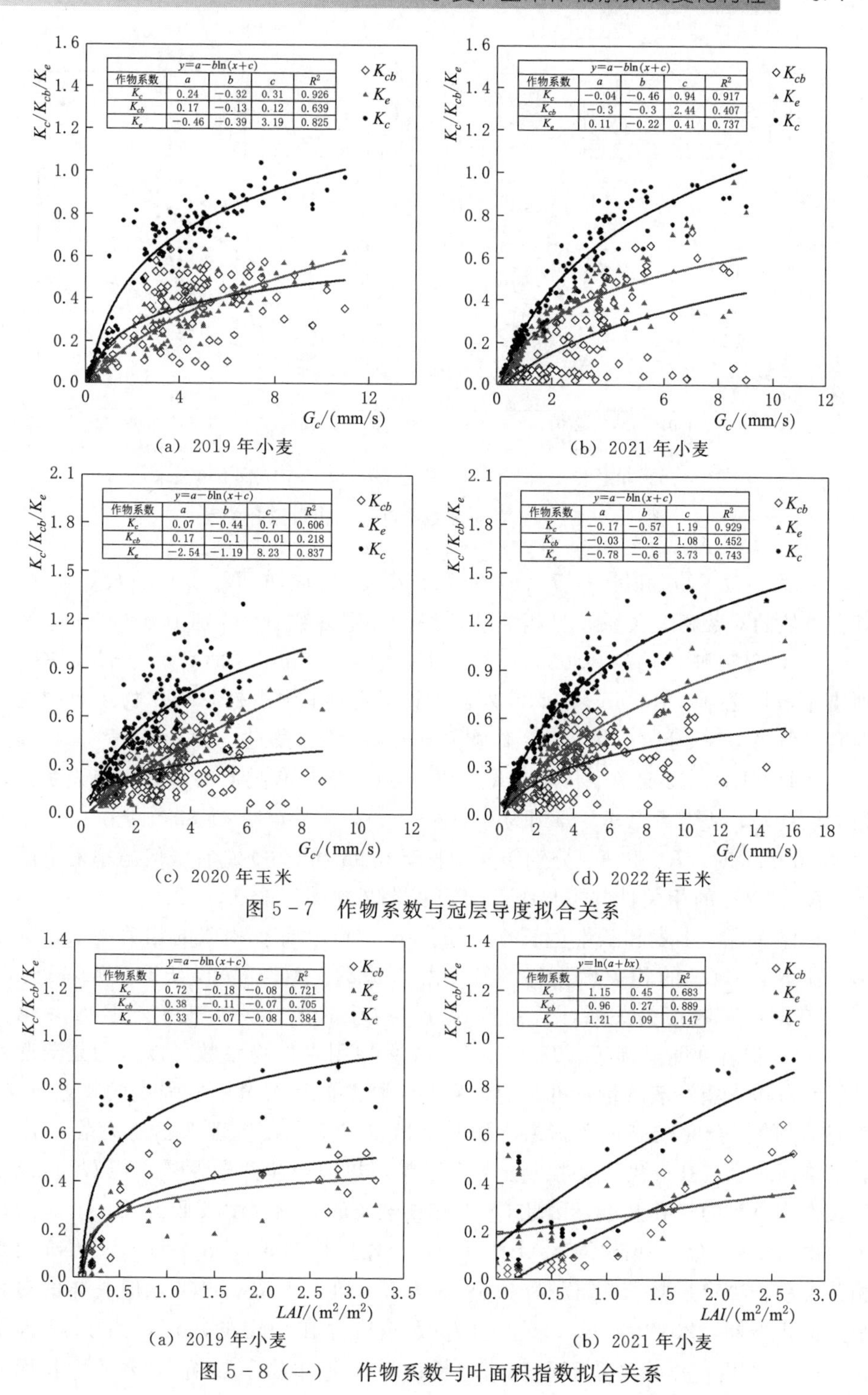

(a) 2019 年小麦

$y=a-b\ln(x+c)$				
作物系数	a	b	c	R^2
K_c	0.24	−0.32	0.31	0.926
K_{cb}	0.17	−0.13	0.12	0.639
K_e	−0.46	−0.39	3.19	0.825

(b) 2021 年小麦

$y=a-b\ln(x+c)$				
作物系数	a	b	c	R^2
K_c	−0.04	−0.46	0.94	0.917
K_{cb}	−0.3	−0.3	2.44	0.407
K_e	0.11	−0.22	0.41	0.737

(c) 2020 年玉米

$y=a-b\ln(x+c)$				
作物系数	a	b	c	R^2
K_c	0.07	−0.44	0.7	0.606
K_{cb}	0.17	−0.1	−0.01	0.218
K_e	−2.54	−1.19	8.23	0.837

(d) 2022 年玉米

$y=a-b\ln(x+c)$				
作物系数	a	b	c	R^2
K_c	−0.17	−0.57	1.19	0.929
K_{cb}	−0.03	−0.2	1.08	0.452
K_e	−0.78	−0.6	3.73	0.743

图 5-7　作物系数与冠层导度拟合关系

(a) 2019 年小麦

$y=a-b\ln(x+c)$				
作物系数	a	b	c	R^2
K_c	0.72	−0.18	−0.08	0.721
K_{cb}	0.38	−0.11	−0.07	0.705
K_e	0.33	−0.07	−0.08	0.384

(b) 2021 年小麦

$y=\ln(a+bx)$			
作物系数	a	b	R^2
K_c	1.15	0.45	0.683
K_{cb}	0.96	0.27	0.889
K_e	1.21	0.09	0.147

图 5-8（一）　作物系数与叶面积指数拟合关系

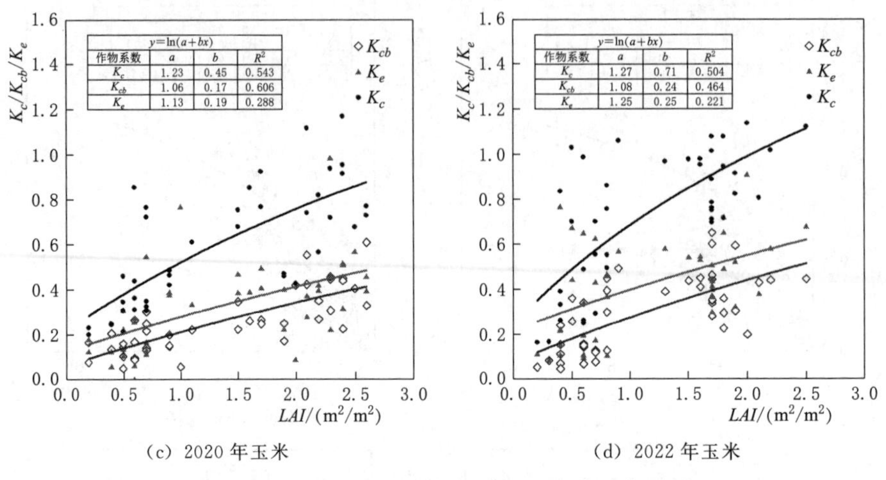

(c) 2020 年玉米　　　　(d) 2022 年玉米

图 5-8（二）　作物系数与叶面积指数拟合关系

由图 5-7（a）和图 5-7（b）可知，小麦生长季的 K_c、K_e、K_{cb} 与 G_c 均具有类似的对数相关关系，且相关性良好，决定系数 R^2 分别为 0.917～0.926、0.737～0.825 和 0.407～0.639，当 G_c 由 0 增大至 7mm/s 时，K_c、K_e、K_{cb} 分别快速增长至 0.8、0.45 和 0.35 左右，说明此阶段 G_c 是影响作物系数的主要因素。但当 G_c 大于 7mm/s 时，作物系数对 G_c 不再敏感。由图 5-7（c）和图 5-7（d）可知，在玉米生长季，K_c、K_e 与 G_c 均具有类似的对数相关关系，且相关性良好，决定系数 R^2 分别为 0.606～0.929、0.743～0.837，当 G_c 由 0 增大至 6mm/s 时，K_c 和 K_e 分别快速增长至 0.95 和 0.60 左右。但与小麦不同的是，K_{cb} 与 G_c 的相关性并不显著，决定系数仅为 0.218～0.452。

整体而言，小麦和玉米生长季，K_c、K_e 与 G_c 具有相似的相关关系，且相关性比 K_{cb} 与 G_c 的相关性更好。另外由 5.5.2 节内容可知，ET、T、E 也与 G_c 存在同样对数相关关系，且同样为 T 与 G_c 的拟合关系较差，但 K_c、K_e、K_{cb} 与 G_c 拟合度明显高于 ET、T、E。主要原因是作物系数可以认为是蒸散发量经参考作物蒸发蒸腾量标准化的结果，作物系数具有蒸散发强度的普遍意义，其与 G_c 的拟合度较高说明冠层导度与蒸散发强度存在机理上驱动关系。G_c 代表下垫面综合气孔导度主要控制土壤蒸发量，进而影响蒸散发量，但 G_c 可能不代表作物自身的气孔开度，因此 G_c 对作物蒸腾的影响程度较低。

由图 5-8（a）和图 5-8（b）可知，小麦生长季 K_c、K_{cb} 与 LAI 存在对数相关关系，决定系数 R^2 分别为 0.683、0.721 和 0.705、0.889，但具体的对数函数形式不同，2019 年 K_c、K_{cb} 对 LAI 响应存在一定的阈值，当 LAI 大于 1.0m^{-2}/m^2 后，作物系数不再快速增长；2021 年作物系数随 LAI 的增长而持续增长，其他研究中也有出现作物系数与 LAI 呈线性增长关系的情况，与 2021 年的数据结果类似。由图 5-8（c）和图 5-8（d）可知，玉米生长季两年数据得到的作物系数 K_c、K_{cb} 与 LAI 具有同样的对数非线性相关关系（或线性增长关系，R^2 基本一致，故本文图中未再画出），决定系数 R^2 分别为 0.504、0.543 和 0.464、0.606。但无论小麦还是与玉米生长季，K_e 与 LAI 均没有表现出良好的相关性，说明 LAI 不是土壤蒸发的主要影响因子，LAI 主要对作物蒸腾量存在影响，并通过作物蒸腾量影响蒸散发量。整体来看，作物系数 K_c、K_{cb} 与 LAI 的相关性不如 K_c、K_e 与 G_c 的相关关系更显著，这与在陕西杨凌[134] 地区夏玉米及陕西寿阳[135] 干旱区春玉米农田的研究结果相似。

5.5 本章小结

根据研究区作物生长期植被覆盖度和叶面积指数大小，参考 FAO-56 对小麦、玉米生长期进行了划分；基于作物潜在水分利用效率理论，对生态系统蒸散发量进行了分离，得到了土壤蒸发量和作物蒸腾量，并分析了蒸散发分量的季节变化特征及环境影响因子；计算分析了作物耗水规律与深层水分交换特征；依据研究区实测蒸散发量数据确定了作物系数曲线，探讨了生物因子与作物系数之间的关系。得出主要结论如下：

（1）小麦、玉米蒸散发及其分量具有明显的季节变化特征，ET 和 T 的季节变化相似，非生长季 ET 主要表现为 E，生长季主要表现为 T；在生长季，小麦的 T/ET 均表现为先减小后增大的过程，玉米的 T/ET 均表现为先减小后增大、再减小的变化特征；小麦季作物蒸腾与土壤蒸发占比相当，玉米季蒸散发主要以土壤蒸发为主。

（2）小麦、玉米生长季的 T 均主要与 R_n 和 LAI 呈显著正相关关系，E 均与 R_n 和 T_s 呈显著正相关关系；小麦玉米生长季的 E 同样受到 G_c 的控制，小麦、玉米生长季的 E 和 G_c 之间存在对数相关关系，G_c 小于某一阈值时，E 随 G_c 的增大而上升，G_c 达到某一阈值后，E 对 G_c 不再敏感，该阈值小麦农田为 8mm/s，玉米农田为 10mm/s。

（3）小麦和玉米农田分别有 35.7%和 61.8%的水分（降水量和灌溉水量之和）发生了深层渗漏，小麦和玉米田间灌溉水利用效率为 0.601 和 0.367，小麦的生长初期、快速生长期和生长后期深层水分交换主要为向上的通量，玉米生长期各阶段深层水分交换主要为向下的通量。

（4）基于研究区实测蒸散发量数据得出的小麦生长初期、生长中期和生长后期的作物系数分别为 0.20、0.72 和 0.61，玉米生长初期、生长中期和生长后期的作物系数分别为0.25、0.96和0.35。基于实测数据确定的小麦、玉米作物系数能够较好地估算当地的蒸散发量，并可用于当地灌溉制度的制定。

(5) 作物K_{cb}与K_e的随出苗后天数的变化趋势一致，即随着作物的生长先增大后减小；小麦生长中期K_{cb}的变化范围为0.30～0.72，K_e的变化范围为0.4～1.05，玉米K_{cb}的变化范围为0.2～0.75，K_e的波动范围为0.3～1.08。整体来看，K_e的变异性比K_{cb}更大，且K_{cb}值比K_e值略小，即土壤蒸发量大于作物蒸腾量；玉米的K_{cb}和K_e均比小麦大，玉米的耗水强度大于小麦。

(6) 作物生长季的K_c、K_e、K_{cb}与G_c均存在对数相关关系，其中K_c、K_e与G_c的相关性比K_{cb}与G_c的相关性更强；G_c对K_c、K_e的影响同样存在阈值，该阈值小麦生长季为7mm/s，玉米生长季为6mm/s。小麦、玉米生长季K_c、K_{cb}与LAI存在对数相关关系，K_e与LAI的相关性较差，土壤蒸发过程主要受G_c驱动，作物蒸腾过程主要受LAI驱动。

第6章　农田生态系统碳通量变化特性与碳水耦合机制

随着全球气候变暖形势的加剧，农田生态系统碳库的收支变化受到广泛关注。特别是在我国西北干旱地区，盐渍化农田灌溉条件下的生态系统碳通量变化特性受到诸多环境因子的影响，碳收支属性还存在不确定性。深入分析典型农田生态系统碳循环过程，明确碳通量变化特性及其对环境、生物因子的响应，对于提升农田生态系统碳库的固碳潜力具有重要意义。作物冠层与大气中的碳交换过程和水交换过程主要是通过植物叶片气孔联系起来的，在叶片尺度表现为光合作用与蒸腾作用，由气候和生态系统结构所控制。水分利用效率是反映生态系统碳循环和水循环耦合特征的重要指标之一，明确其变化特性对节水增效具有重要作用。本章基于生态系统夜间呼吸温度关系法将涡度相关系统观测的 *NEE* 拆分为 *GPP* 和 R_e，进而分析各碳通量在不同时间尺度上的变化特性及其主控因子；探讨干旱区小麦、玉米农田碳通量收支状态，进行碳平衡的源汇判断，并与不同农田生态系统碳收支情况进行对比，明确该类生态系统与其他生态系统碳循环的差异；基于生态系统的 *GPP* 和 *ET* 研究冠层尺度碳水耦合特性，探究小麦、玉米不同农学意义的水分利用效率及其稳定性。

6.1　农田生态系统碳通量变化特性

生态系统的 R_e 变化表征了碳的排放特征，*GPP* 变化表征了作物的碳吸收特征，*NEE* 变化则表征了生态系统总体碳收支状况。碳通量随着气象环境因子及作物生育期的变化表现出明显的日变化特征和季节变化特征。

6.1.1　碳通量日内变化特征

图 6-1 为观测期不同年份的碳通量平均日变化过程，不同年份、不同季节及不同作物生育期的小麦玉米农田生态系统各碳通量的数值量级存在较大差异，但其日变化过程表现出相似的特征。

小麦和玉米 *GPP* 平均日变化均表现为倒 U 形变化，生态系统一般在日出后随着光合有效辐射的增加，植物开始进行光合作用，*GPP* 由零转为正值；在

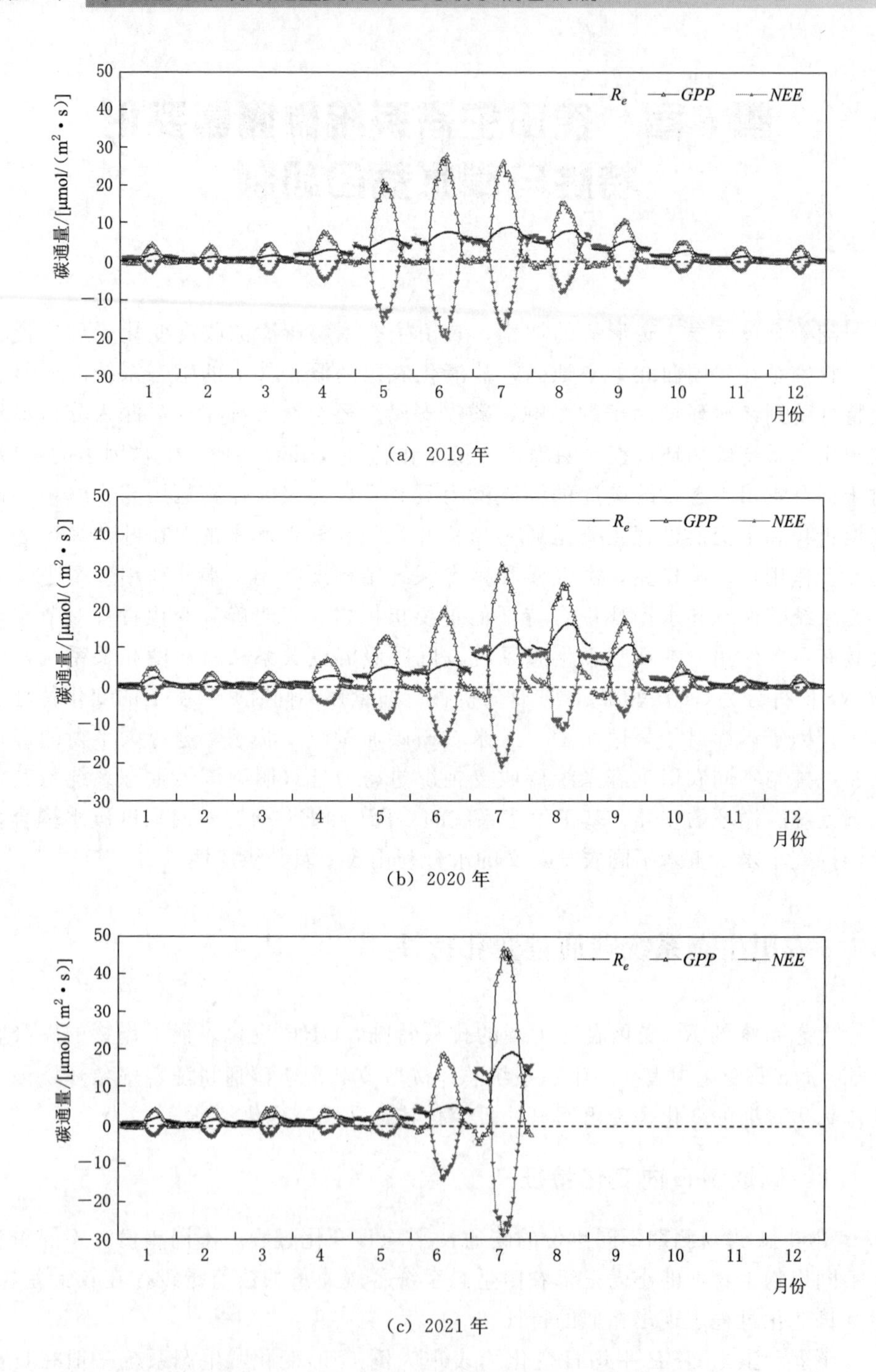

(a) 2019 年

(b) 2020 年

(c) 2021 年

图 6-1（一） 农田生态系统碳通量平均日变化

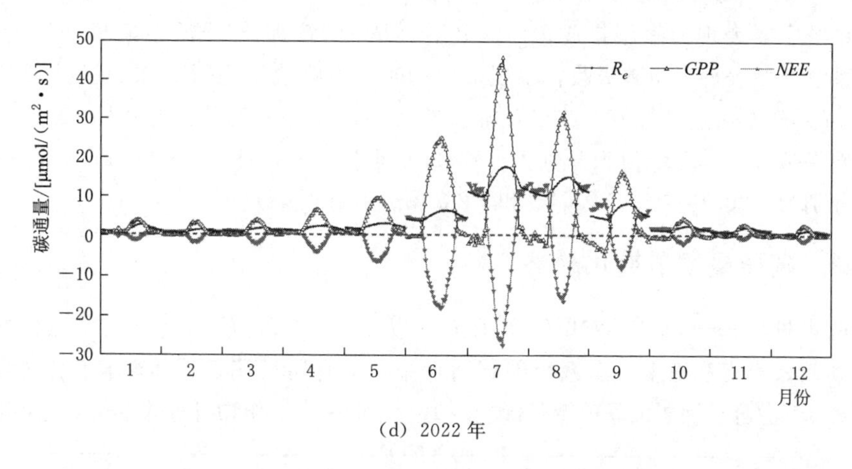

(d) 2022 年

图 6-1(二) 农田生态系统碳通量平均日变化

14:00 前后随着光合有效辐射达到峰值，碳吸速率也达到峰值，随后逐渐降低并在日落前再次降为零。非生长季 *GPP* 的日内波动范围较小，但白天存在微量的碳吸收，可能与田间存活的少量植物光合作用有关；生长季 *GPP* 的昼夜波动明显，并在 7 月出现日内峰值，小麦分别为 27.8μmol/(m^2·s) 和 46.6μmol/(m^2·s)，玉米分别为 32.2μmol/(m^2·s) 和 45.7μmol/(m^2·s)。

另外，在作物生长旺季，*GPP* 在正午前后的峰值会出现波动（出现 2 个以上的峰值点），一方面原因是正午时刻高温条件引起作物叶片气孔短时期关闭，从而减弱了二氧化碳的吸收能力；另一方面原因是光合作用酶活性受到高温强光条件的抑制，光合作用速率降低，这种现象在西北内陆地区玉米[118]、棉花[10]、葡萄[136]、草地[99] 等生态系统中也同样存在，这是干旱区作物因生长旺季温度较高、太阳辐射较强表现出的共同特征。

小麦和玉米的 R_e 月平均日变化特征相似，在非生长季由于温度较低，生态系统呼吸主要为土壤呼吸，日内波动范围较小，基本为零；在生长季则表现为明显的倒 U 形，日内波动范围较大，一般在早上日出前后达到最小值，后逐渐增大，并在 16:00 前后达到峰值，小麦的峰值大小为 9.0μmol/(m^2·s) 和 14.4μmol/(m^2·s)，玉米的峰值为 16.7μmol/(m^2·s) 和 17.6μmol/(m^2·s)，峰值点出现时刻与日内的积温有关。另外 7—8 月生态系统呼吸明显高于邻近月份，主要是因为该时期气温为年内平均最高，土壤呼吸和作物呼吸均与温度有关，两者叠加后生态系统总呼吸达到最大。

生态系统冠层与空气的净二氧化碳交换量 *NEE* 为 R_e 与 *GPP* 之差，故 *NEE* 月平均日变化与 *GPP* 相反，表现为 U 形变化，由于 R_e 值相比 *GPP* 较小，故 *NEE* 随着 *GPP* 的变化而变化。夜间作物光合作用停止，*NEE* 基本等于 R_e，即生态系统主要表现为净碳排放；白天随着 *GPP* 的增加，*NEE* 逐渐减小为负值，生态系统开始表现为净碳吸收，出现负值的时间点略晚于 *GPP*。*NEE* 与 *GPP* 同样在 14：00 左右达到峰值，并出现峰值的波动现象，小麦和玉米 *NEE* 的日内峰值出现在 7 月，小麦峰值为分别为－20.2μmol/(m^2·s) 和－28.3μmol/(m^2·s)，玉米分别为－20.7μmol/(m^2·s) 和－28.4μmol/(m^2·s)。

6.1.2 碳通量季节变化趋势

观测期 2019—2022 年农田生态系统 *GPP*、R_e 和 *NEE* 的日值变化过程如图 6-2 所示。小麦和玉米生态系统的碳通量季节变化特征明显，其季节变化过程一方面来自气象环境因子的季节变化影响，另一方面来自于作物自身的生长变化影响。

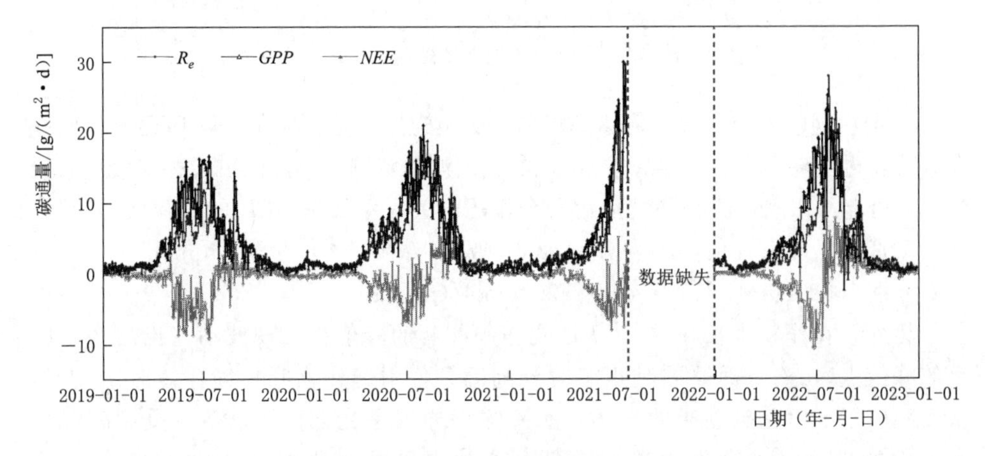

图 6-2　农田生态系统碳通量季节变化

在非生长季，生态系统 *GPP* 为较小的正值，进入生长季后，随着作物叶片生长及温度回升，作物光合作用吸收二氧化碳量增加，*GPP* 逐渐增大；小麦在 7 月中旬达到峰值，2019 年和 2021 年分别为 16.9g/(m^2·d) 和 32.8g/(m^2·d)，玉米的 *GPP* 在 7 月下旬达到峰值，2020 年和 2022 年分别为 21.1g/(m^2·d) 和 25.3g/(m^2·d)；作物进入成熟期后，随着作物部分叶片枯萎凋零，光合作用开始减弱，*GPP* 开始下降，并在作物收获后降至零附近。

在非生长季，生态系统 R_e 值处于较低水平，最小值为 0.04～0.41g/(m^2·d)。随着播种前翻地及温度的回升，R_e 逐渐升高并在 7—8 月达到峰值，峰值出现时间晚于 *GPP* 和 *NEE*。小麦 2019 年和 2021 年生长季 R_e 峰值为 13.9g/(m^2·d) 和 25.7g/(m^2·d)，玉米 2020 年和 2022 年生长季 R_e 峰值为 18.3g/(m^2·d) 和 28.0g/(m^2·d)。

农田生态系统 *NEE* 的季节变化与 *GPP* 变化相反，由于呼吸作用的存在，

NEE 的绝对值小于 *GPP* 值。*NEE* 一般在作物播种后一段时间后由正值逐渐转为负值，小麦在收获后 *NEE* 由负值转为正值，但玉米一般在进入成熟前即由负值转为正值，主要原因可能是玉米成熟期较长，进入成熟期后叶片光合作用减弱。小麦生长季 *NEE* 最小峰值一般出现在 7 月中上旬，2019 年和 2021 年的峰值为－9.1g/(m^2·d) 和－8.6g/(m^2·d)，玉米生长季 *NEE* 最小峰值同样出现在 7 月中旬，2020 年和 2022 年峰值为－7.1g/(m^2·d) 和－10.6g/(m^2·d)。

6.2 农田生态系统碳通量环境响应机制

6.2.1 环境因子对碳通量季节变化的影响

为明确干旱区小麦、玉米生长季各碳通量变化的具体环境因子及其相关关系，首先分别对 *NEE*、R_e、*GPP* 与 R_n、T_a、*VPD*、*u*、*rH*、T_s、*VWC* 等环境因子的关系进行偏相关性分析，结果见表 6－1。可以看出，在小麦生长季，*NEE* 的影响因子主要包括 R_n、*VPD*、*u*、T_s 和 *VWC*，其中 R_n 和 *VWC* 分别与 *NEE* 呈极显著正相关，偏相关系数分别为 0.48 和 0.24，T_s 与 *NEE* 呈显著正相关，*VPD* 和 *u* 分别与 *ET* 呈显著负相关，但偏相关系数相对较小；R_e 的影响因子主要包括 R_n、T_a、*VPD*、*u*、T_s 和 *VWC*，其中 R_n、T_a 分别与 R_e 呈极显著正相关，偏相关系数分别为 0.22、0.47，T_s 与 R_e 呈极显著负相关，偏相关系数为－0.37，*VPD*、*u* 和 *VWC* 与 R_e 存在负相关关系，偏相关系数较为接近；*GPP* 的影响因子主要包括 R_n、T_a、*VPD*、*u* 和 T_s，其中 R_n、T_a 分别与 *GPP* 呈极显著正相关，偏相关系数分别为 0.45 和 0.39，*VPD*、*u*、T_s 与 *NEE* 呈存在负相关关系，偏相关系数较为接近。

表 6－1　碳通量与环境因子的相关性

环境影响因子	偏相关系数					
	小麦			玉米		
	NEE	R_e	*GPP*	*NEE*	R_e	*GPP*
R_n	0.48***	0.22***	0.45***	0.37***	0.11*	0.40***
T_a	0.04	0.47***	0.39***	－0.27***	0.25***	0.07
VPD	－0.16*	－0.14*	－0.20**	0.08	－0.12*	－0.08
u	－0.22**	－0.22**	－0.29***	0.21***	－0.39***	－0.29***
rH	－0.11	0.07	－0.02	－0.10	0.05	－0.02
T_s	0.15*	－0.37***	－0.20**	0.37***	－0.03	0.27***
VWC	0.24***	－0.19**	0.01	0.19**	0.10	－0.04

在玉米的生长季，NEE 的影响因子主要包括 R_n、T_a、u、T_s 和 VWC，其中 R_n、T_s 和 u 分别与 NEE 呈极显著正相关，偏相关系数分别为0.37、0.37和0.21，T_a 与 NEE 呈极显著负相关，VWC 与 NEE 存在正相关关系，但偏相关系数相对较小；R_e 的影响因子主要包括 R_n、T_a、VPD 和 u，其中，T_a 与 R_e 呈正相关关系，偏相关系数分别为0.25，u 与 R_e 呈极显著负相关，偏相关系数分别为−0.39，R_n、VPD 与 R_e 存在相关关系，但偏相关系数均较小；GPP 的影响因子主要包括 R_n、u 和 T_s，其中 R_n、T_s 与 GPP 呈极显著正相关，偏相关系数分别为0.40和0.27，u 分别与 GPP 呈极显著负相关，偏相关系数分别为−0.29。

上述结果可知，干旱区小麦、玉米农田生态系统呼吸碳通量的变化影响因素不完全一致，但净辐射、空气温度、饱和水气压差和风速为共同的影响因素，总初级生产力的共同影响因素为净辐射、风速和土壤温度，但生态系统净碳交换量的影响因素差异较大，这可能是因为 GPP 与 R_e 的变化代表了作物自身光合作用与呼吸作用受环境因素的影响，其作用过程机理上受到环境因素的影响，但 NEE 观测值为 GPP 与 R_e 加和后的结果，该结果可能不能体现环境因素在机理方面的影响。另外偏相关分析表明环境因子中除 rH 外均与 NEE、R_e、GPP 存在一定的相关性，但影响因子的偏相关系数均不高，即相关性明显较强的影响因子不存在，说明小麦、玉米各碳通量的环境影响因素较为复杂，是多种因素综合作用的结果。

选择表6-1中与各碳通量分量有显著相关关系的环境影响因子进行多元线性回归方程，见表6-2所示。小麦、玉米回归方程中环境因子能够揭示 GPP 约69%的变异性；主要环境因子能够揭示小麦 R_e 约63.6%的变异性，能够揭示玉米 R_e 约60.9%的变异性；环境因子对 NEE 的回归方程拟合度相对较低，仅能揭示小麦、玉米约52%的变异性。由此可见，环境因子一般只能揭示小麦、玉米生长季50%～70%的变异性，而其变异性主要来自生物因子的影响。

表6-2　　生长季碳通量与环境因子间多元线性回归关系

作物	回归方程	R^2
小麦	$NEE=0.324R_n-0.099VWC+0.603u-0.134T_s+1.077VPD+2.914$	0.519**
	$R_e=0.177R_n+0.999T_a-0.372VPD-0.775u-0.528T_s-0.095VWC+3.452$	0.636**
	$GPP=0.504R_n+0.981T_a-4.761VPD-1.387u-0.380T_s+0.634$	0.696***
玉米	$NEE=-0.339R_n+0.472T_a+0.341VWC-0.776u-0.641T_s+0.370$	0.523***
	$R_e=0.569T_a+0.324VWC-2.292u-8.623$	0.609**
	$GPP=0.431R_n-0.913VPD-1.52u+0.774T_s-8.156$	0.692**

农田生态系统 CO_2 的交换主要通过光合作用和呼吸作用两个过程，这两个过程发生的时间和 CO_2 交换量共同决定了碳通量的季节变化特征。为了探究农

田生态系统碳通量变化的环境影响因子及贡献度，分别对小麦和玉米生长季的 *NEE*、R_e、*GPP* 有关环境因子（R_n、T_a、*VPD*、*u*、*rH*、T_s、*VWC*）进行通径分析，结果见表 6-3。

表 6-3　环境因子对生长季碳通量影响关系通径分析结果

作物	碳通量	因子	直接影响	总间接影响	R_n	T_a	*VPD*	*u*	T_s	*VWC*
小麦	*NEE*	R_n	0.483	−0.126	—	—	0.085	−0.057	−0.143	−0.010
		VPD	0.195	−0.289	−0.210	—	—	−0.007	−0.147	0.075
		u	0.172	0.250	0.161	—	−0.008	—	0.094	0.004
		T_s	0.266	−0.182	−0.260	—	0.108	−0.060	—	0.031
		VWC	0.199	−0.060	−0.025	—	−0.074	−0.004	0.042	—
	R_e	R_n	0.188	0.348	—	0.917	−0.210	0.052	−0.404	−0.007
		T_a	1.529	−0.847	0.113	—	−0.339	0.057	−0.700	0.022
		VPD	0.482	0.801	0.082	1.076	—	0.007	−0.414	0.051
		u	0.157	−0.333	−0.062	−0.558	0.021	—	0.264	0.003
		T_s	0.750	1.338	0.101	1.426	−0.266	0.055	—	0.021
		VWC	0.136	0.068	0.010	−0.245	0.182	0.003	0.118	—
	GPP	R_n	0.366	−0.296	—	−0.613	0.183	−0.064	0.198	—
		T_a	1.022	0.349	−0.219	—	0.296	−0.070	0.343	—
		VPD	0.420	−0.683	−0.159	−0.719	—	−0.008	0.203	—
		u	0.192	0.347	0.122	0.373	−0.018	—	−0.129	—
		T_s	0.368	−0.986	−0.197	−0.953	0.232	−0.068	—	—
玉米	*NEE*	R_n	0.387	−0.036	—	0.330	—	0.006	−0.402	0.031
		T_a	0.654	−0.960	−0.195	—	—	0.018	−0.757	−0.026
		u	0.174	0.113	0.013	−0.069	—	—	0.153	0.017
		T_s	0.824	0.401	−0.189	0.601	—	0.032	—	−0.043
		VWC	0.164	0.022	−0.072	−0.105	—	−0.018	0.217	—
	R_e	T_a	0.497	0.018	—	—	—	0.034	—	−0.016
		u	0.324	−0.042	—	−0.053	—	—	—	0.010
		VWC	0.098	−0.113	—	−0.080	—	−0.033	—	—
	GPP	R_n	0.304	−0.264	—	—	0.043	−0.007	−0.300	—
		VPD	0.087	−0.347	−0.149	—	—	0.067	−0.265	—
		u	0.210	0.152	0.010	—	0.028	—	0.114	—
		T_s	0.614	−0.150	−0.148	—	0.038	−0.039	—	—

在小麦生长季，对 NEE 直接影响贡献较大的是 R_n，直接通径系数为 0.483，其次为 T_s 和 VWC，间接影响贡献较大的是 VPD 和 u，其中 VPD 和 u 主要通过 R_n 间接影响 NEE。对 R_e 直接影响最大的为 T_a，直接通径系数为 1.529，其次为 T_s、VPD、R_n、u、VWC，对 R_e 间接影响较大的为 T_s，间接通径系数为 1.338，且间接影响大于直接影响，其次为 T_a、VPD、R_n、u、VWC。对 GPP 直接影响最大的为 T_a，直接通径系数为 1.022，对 GPP 间接影响最大的为 T_s，间接通径系数为−0.986，其次为 VPD，T_s 和 VPD 主要通过 T_a 间接影响 GPP。

在玉米生长季，环境因子对碳通量的影响与小麦不完全相同。环境因子中对 NEE 变化直接贡献较大的是 T_s 和 T_a，但 T_a 的直接响应小于间接影响，因此空气温度对 NEE 的影响主要为间接影响。对 R_e 直接影响最大的环境因子是 T_a，其次为 u，环境因子对玉米 R_e 的间接影响很小。环境因子中对 GPP 影响较大的为 T_s 和 R_n，VPD 通过 T_s 对 GPP 产生较大的间接影响。由上可知，对碳通量变化影响较大的主要是温度，不同作物或者不同碳通量对 T_a 和 T_s 的响应不同，其他环境因子多通过温度对碳通量的变化产生间接影响，比如 R_n 和 VPD 等，u 对碳通量的影响可能主要是对二氧化碳密度及温度的改变。土壤含水率对碳通量有一定影响，但贡献率较小。

6.2.2 温度对土壤呼吸的影响

通过对小麦、玉米农田生态系统碳通量的环境影响因子分析可知，小麦、玉米碳通量与温度具有较强的相关性，特别是生态系统呼吸与温度的关系更为密切。为进一步分析生态系统呼吸对温度变化的敏感性，对小麦、玉米夜间 R_e（半小时值）分别与 T_s、T_a 进行拟合分析，如图 6-3 所示。农田生态系统 R_e 与 T_s、T_a 均表现为指数正相关关系，除 2021 年数据外（作物生长可能受病害影响），其他年份拟合度均在 0.6 以上，说明半小时尺度上 R_e 主要受到温度的影响。玉米生态系统 R_e 与 T_s 的拟合度高于 R_e 与 T_a 的拟合度，小麦生态系统 R_e 与 T_s 的拟合度低于 R_e 与 T_a 的拟合度，说明半小时尺度玉米 R_e 更受控于 T_s，而小麦则更受控于 T_a，这可能与小麦、玉米生长季长势及冠层结构不同有关。不同年份小麦、玉米生态系统呼吸对温度的敏感性不同，小麦土壤温度为 0℃时的 R_e 在 0.86～1.25μmol/(m^2・s)，Q_{10} 为 2.12～2.29μmol/(m^2・s)；玉米土壤温度为 0℃时的 R_e 在 0.43～0.89μmol/(m^2・s)，Q_{10} 为 2.45～3.35μmol/(m^2・s)，与 Q_{10} 全球平均值较为接近。

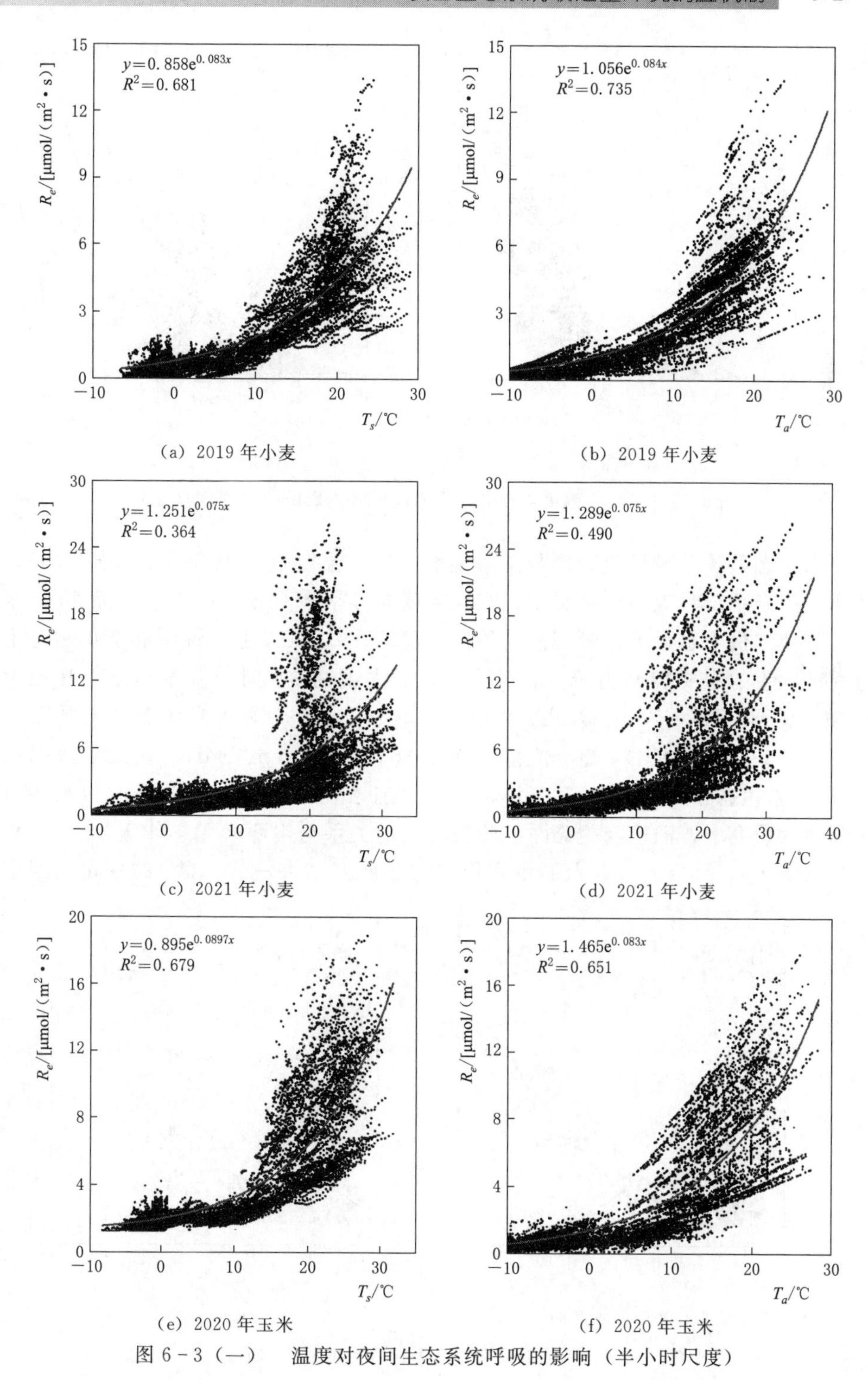

图 6-3（一） 温度对夜间生态系统呼吸的影响（半小时尺度）

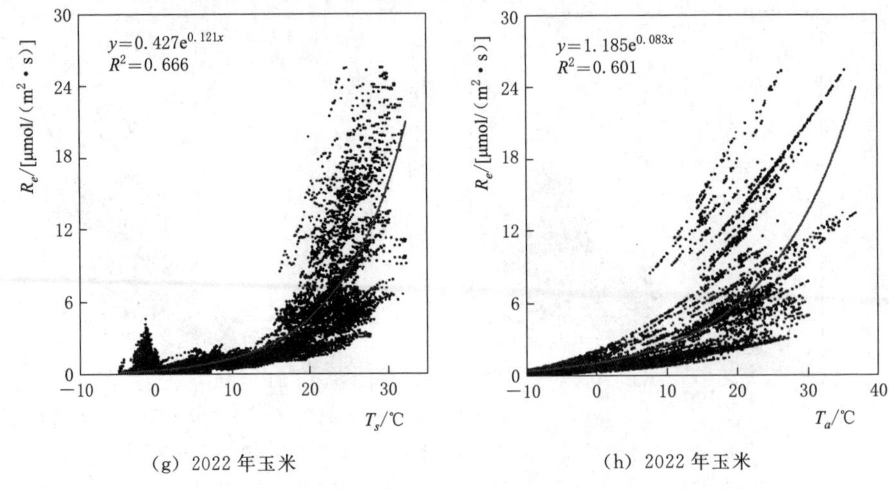

(g) 2022年玉米　　(h) 2022年玉米

图6-3（二） 温度对夜间生态系统呼吸的影响（半小时尺度）

对生态系统呼吸日值分别与土壤温度、空气温度进行拟合分析，如图6-4所示。生态系统呼吸与土壤温度、空气温度同样呈指数正相关关系，除2021年外，其他年份生态系统呼吸与温度的拟合度均在0.60以上，说明温度仍然是生态系统呼吸的主要控制因子。在日尺度上，温度为0℃时小麦生态系统呼吸为1.22～1.33g/(m²·d)，Q_{10} 为2.18～2.34g/(m²·d)，玉米生态系统呼吸为0.43～1.18g/(m²·d)，Q_{10} 值范围为2.36～3.67g/(m²·d)，该结果说明在0℃时玉米生态系统呼吸小于小麦，玉米生态系统呼吸对温度上升的敏感性更强。本次研究中，温度与生态系统呼吸之间的关系与山西寿阳旱作玉米[137]、华北地区冬小麦-夏玉米[138]及新疆棉田[139]的研究结果一致。Q_{10} 的变化范围比

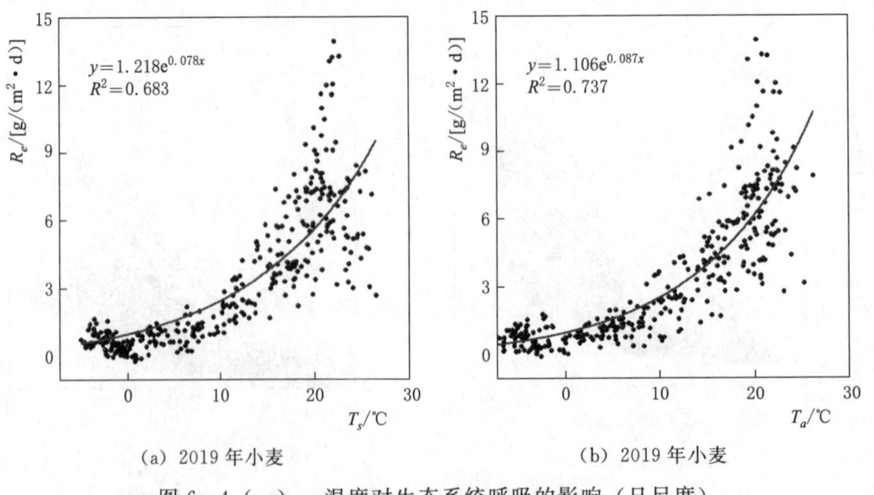

(a) 2019年小麦　　(b) 2019年小麦

图6-4（一） 温度对生态系统呼吸的影响（日尺度）

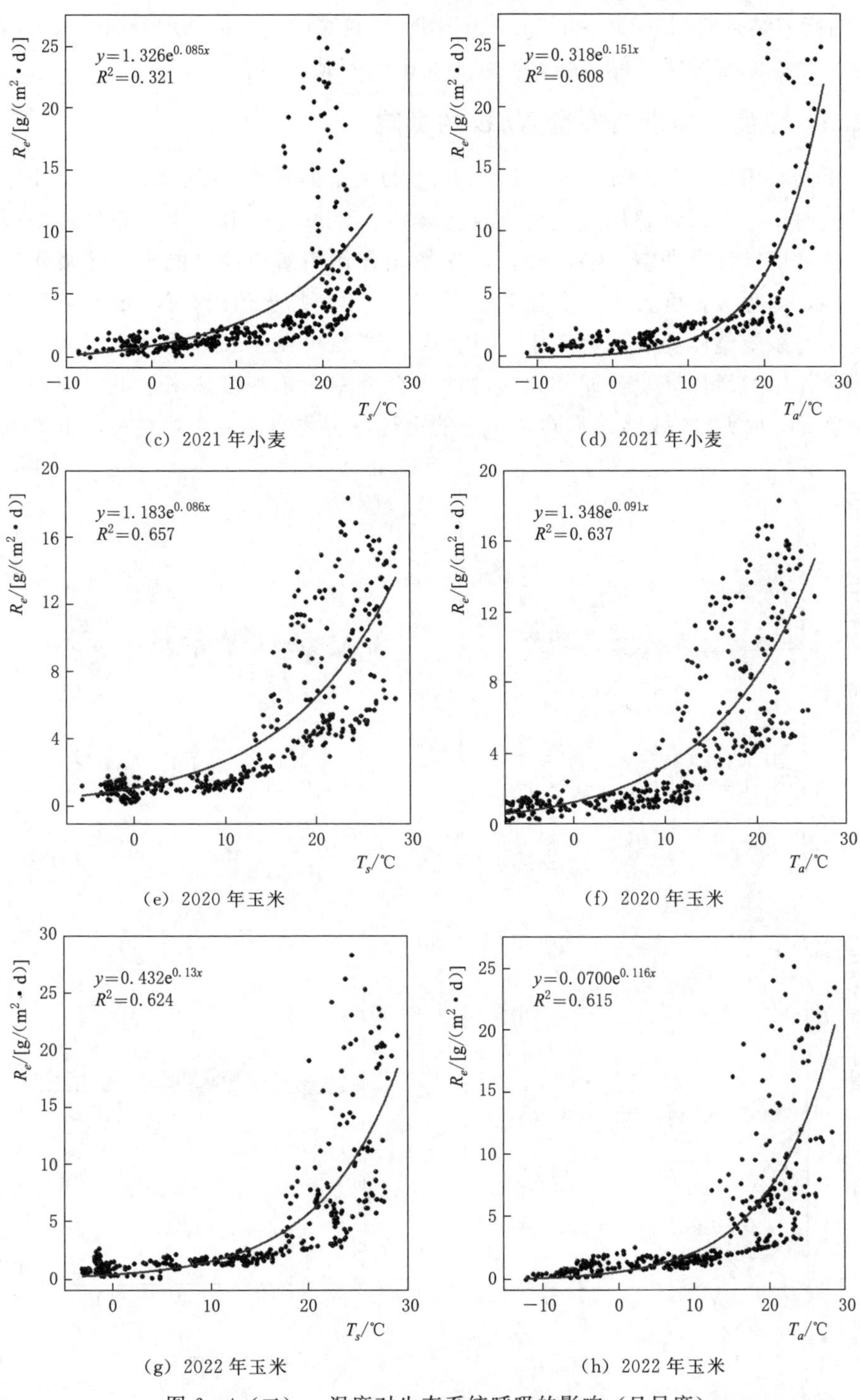

图 6-4（二） 温度对生态系统呼吸的影响（日尺度）

Hu 的研究结果略高 [1.3～3.3g/(m^2·d)]，较高的 Q_{10} 值预示着在气候变暖的背景下生态系统呼吸可能增强，不利于农田的固碳作用。

6.2.3 温度对净碳交换量 *NEE* 的影响

不同农田生态系统日尺度 *NEE* 与 T_a 的关系如图 6-5 所示。当 T_a 小于某临界值时，生态系统整体上主要表现为碳源，该情况一般发生在非生长季或者生长季初期，该时期空气温度较低，作物光合作用酶活性可能小于呼吸作用的酶活性，即呼吸强度大于光合强度。当 T_a 大于某临界值时，*NEE* 开始快速增长，生态系统整体上表现为碳汇，该情况主要发生在生长旺季，气温较高，作物光合作用酶活性恢复，即作物冠层的光合速率大于呼吸速率。不同作物生态系统 *NEE* 对 T_a 的敏感性不同，小麦的上述临界温度值在 8℃左右，玉米则在

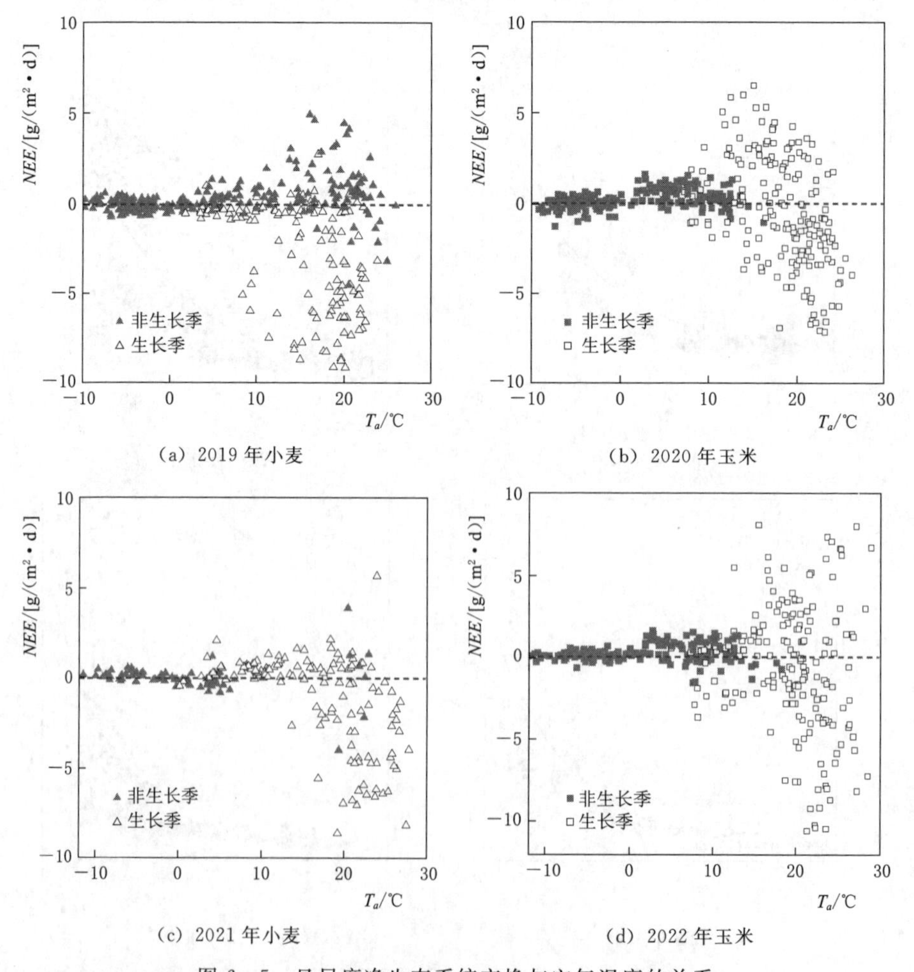

图 6-5 日尺度净生态系统交换与空气温度的关系

10℃左右，这可能与小麦、玉米的种植时间不同有关。当然该结果是研究区自然气候条件下的情况，且为作物某一阶段的整体情况，其他地区生态系统中该临界温度的大小有待进一步研究，该温度可能是作物光合强度是否大于呼吸强度的分界点。同时由图 6-5 可知，当 T_a 小于临界温度时，玉米仍存在碳吸收情况，这可能与非生长季仍然有部分秸秆存活有关；当 T_a 大于临界值时，小麦、玉米也仍存在大量净碳排放的情况，这主要是因为小麦收获时间为 7 月，正值高温季节，收获后光合作用降至较低水平，小麦生态系统主要表现为碳源，玉米主要则是因为种植时间较晚，5—6 月气温已经回升，但玉米叶面积较小，光合作用较弱，同样表现为碳源。

6.3 农田生态系统固碳能力

6.3.1 生态系统呼吸对总初级生产力的响应

小麦、玉米生育期内 *GPP* 日值与 R_e 日值的关系如图 6-6 所示。小麦和玉米的 R_e 均随着 *GPP* 的增大而增大，小麦的 R_e 和 *GPP* 的拟合度为 0.84，高于玉米的 R_e 和 *GPP* 的拟合度，说明玉米生态系统呼吸受到更多其他因素的影响。小麦生态系统的 R_e 与 *GPP* 日值拟合的直线斜率为 0.65，低于玉米生态系统的 R_e 与 *GPP* 日值拟合的直线斜率，说明玉米生长季生态系统呼吸占总初级生产力的比重较高，玉米的总初级生长力相比于小麦更多地用于了呼吸消耗，即小麦生态系统固碳潜力要高于玉米。由于夜间光合作用停止，*GPP* 绝对值不再增加，但 R_e 在持续增加，故在日尺度上 R_e 占 *GPP* 的比重较高。本次研究结果 R_e 占 *GPP* 的比重高于山西寿阳旱作玉米研究结果（0.3～0.34），这可能与覆膜能够减小生态系统呼吸有关[140]。

6.3.2 小麦、玉米生长季碳收支

农田生态系统由于受人类耕作活动的影响，可能表现为碳汇或者碳源。小麦、玉米生态系统生长季的 *NEE*、R_e 和 *GPP* 累积值变化过程如图 6-7 所示。小麦生长初期的 *GPP* 和 R_e 累积值变化基本一致，此时生态系统表现为弱碳源；小麦生长中后期，*GPP* 累积值的增长速率大于 R_e，*NEE* 累积值为负值并逐渐减小，小麦生态系统表现为碳汇。玉米生长季的 *GPP* 和 R_e 累积值均不断增大，但进入成熟期后增长速率均逐渐减小；玉米生长初期的 *GPP* 累积值增长速率大于 R_e，*NEE* 累积值为负值减小，玉米生态系统表现为碳汇；玉米生长后期的 *GPP* 累积值增长速率小于 R_e，*NEE* 累积值为负值增大，此时玉米生态系统表现为碳源。

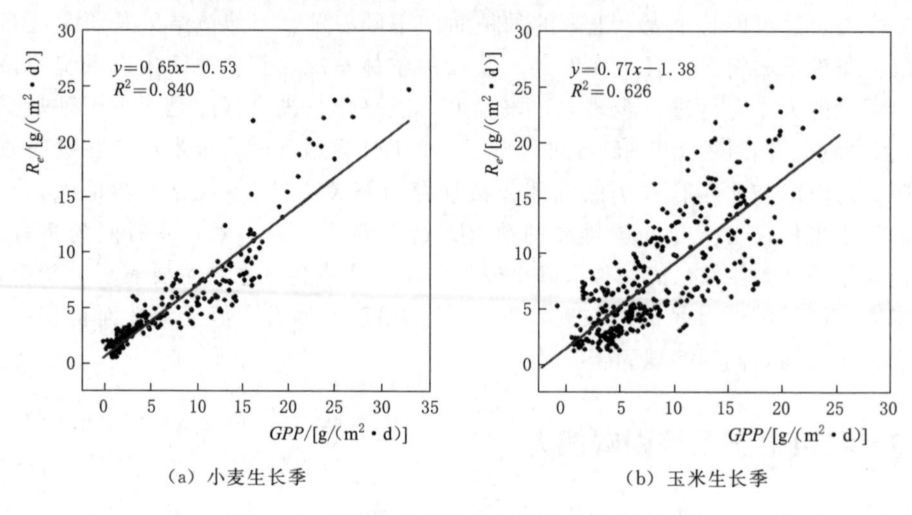

(a) 小麦生长季 (b) 玉米生长季

图6-6 生态系统呼吸对总初级生产力的响应

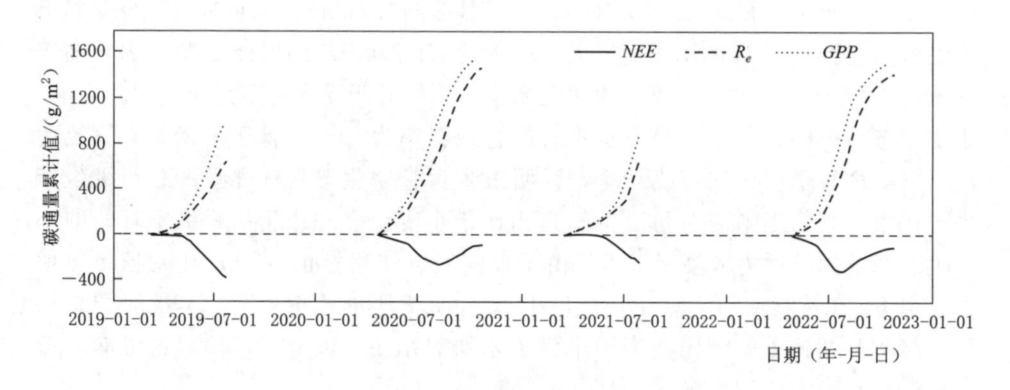

图6-7 生长季农田生态系统碳通量累积值变化过程

生长季农田生态系统碳通量收支情况见表6-4。小麦生长季的 GPP 平均值为956.4g/m²，R_e 平均值为657.1g/m²，R_e 占 GPP 的比重平均为68.7%，NEE 平均值为−299.4g/m²，小麦生长季总体表现出较强的碳汇，考虑作物籽料收获后生态系统 NBP 平均值为−77.0g/m²，仍然表现为碳汇。玉米生长季的 GPP 平均值为1540.6g/m²，R_e 平均值为1444.5g/m²，R_e 占 GPP 的比重平均为93.8%，NEE 平均值为−96.1g/m²，玉米生长季总体同样表现出碳汇，但考虑作物籽料收获后生态系统 NBP 平均值为240.1g/m²，整体表现为较强的碳源。另外可以看出在该地区，玉米由于生长季较长，GPP 远大于小麦，但玉米生态系统 R_e 消耗占比远高于小麦，故小麦的碳汇潜力更大。

表 6-4　生长季农田生态系统碳通量收支情况

作物	年份	*GPP* /(g/m²)	R_e /(g/m²)	*NEE* /(g/m²)	R_e/GPP	C_{gr} /(g/m²)	*NBP* /(g/m²)
小麦	2019	1007.5	638.3	−369.2	63.4%	243.8	−125.4
	2021	905.3	675.8	−229.5	74.6%	200.9	−28.6
	平均	956.4	657.1	−299.4	68.7%	222.3	−77.0
玉米	2020	1555.5	1470.0	−85.6	94.5%	342.1	256.5
	2022	1525.6	1419.0	−106.6	93.0%	330.3	223.7
	平均	1540.6	1444.5	−96.1	93.8%	336.2	240.1

6.3.3 小麦、玉米年度碳收支

观测期小麦、玉米碳通量年内累积情况如图 6-8 所示。小麦、玉米生态系统 *GPP* 和 R_e 累积值年内变化过程相似，其累积值均表现为先增大后维持稳定；作物生长初期增长缓慢，生长中期增长迅速，进入成熟期至收获后 *GPP* 和 *NEE* 累积值均基本不再增长。玉米快速生长期 *GPP* 和 *NEE* 累积值增长比小麦更快，但由于 R_e 同步增长，玉米 *NEE* 累积值增长率并非大于小麦。

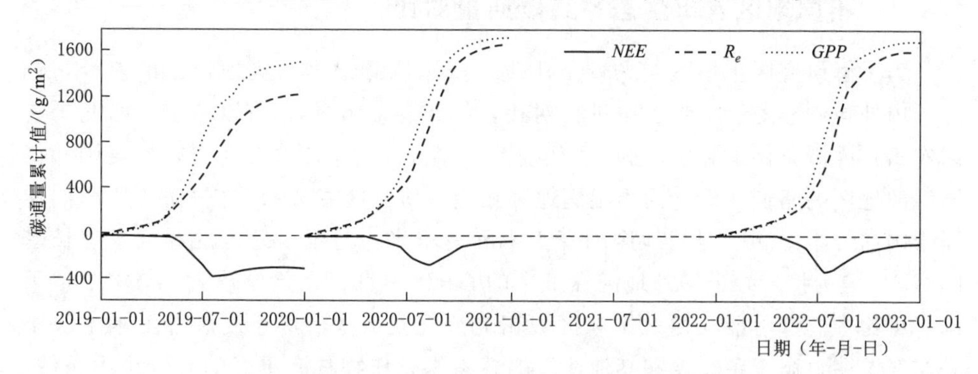

图 6-8　农田生态系统碳通量年内累积值变化过程

注：2021 年 8—12 月数据缺失，故不图中不显示 2021 年结果。

作物种植年内农田生态系统总碳通量收支情况见表 6-5。小麦的 *GPP* 年值平均为 1547.4g/m²，R_e 年值平均为 1256.7g/m²，R_e 占 *GPP* 的比重平均为 81.2%，*NEE* 年值平均为−290.6g/m²，小麦种植年度内总体表现出较强的碳汇，考虑作物籽料收获后生态系统 *NBP* 平均值为−41.0g/m²，表现为弱碳汇。玉米的 *GPP* 年值平均为 1735.4g/m²，R_e 年值平均为 1675.3g/m²，R_e 占 *GPP* 的比重平均为 96.5%，*NEE* 年值平均为−55.1g/m²，玉米种植年度内总体表现出碳汇，考虑作物籽料收获后生态系统 *NBP* 平均值为 281.1g/m²，整体表现为较强的碳源。在年尺度上，小麦、玉米生态系统总 GPP 基本相当，但小麦生态系统 R_e 占比却远低于玉米，总体来看小麦种植年份的碳汇作用更强。

表 6-5　　农田生态系统年度总碳通量收支情况

作物	年份	GPP /(g/m²)	R_e /(g/m²)	NEE /(g/m²)	R_e/GPP	C_{gr} /(g/m²)	NBP /(g/m²)
小麦	2019	1547.4	1256.7	−290.6	81.2%	249.6	−41.0
	2021	—	—	—	—	—	—
	平均	—	—	—	—	—	—
玉米	2020	1753.3	1701.6	−51.7	97.1%	342.1	290.4
	2022	1717.4	1648.9	−58.5	96.0%	330.3	271.8
	平均	1735.4	1675.3	−55.1	96.5%	336.2	281.1

6.4 不同生态系统 GPP、R_e 和 NEE 的比较

6.4.1 不同地区农田生态系统碳通量对比

为了解研究区干旱气候条件下小麦、玉米固碳潜力与其他地区的差异，选择国内外典型小麦、玉米农田进行对比，结果见表 6-6。可以看出，西北干旱区农田在灌溉条件下春小麦的 GPP 要高于半湿润的平原区冬小麦，比美国和德国湿润地区的略低，但与国内湿润地区相当。研究区春玉米生长季的 GPP 同样高于国内外半湿润、湿润地区的春玉米和夏玉米，与干旱地区的春玉米生长季的 GPP 较为接近，但国外地区春玉米的 GPP 本身存在差异较大，与本书结果没有可比性。这可能与西北干旱区农田光照充足有关。春小麦和春玉米生长季平均气温明显高于冬小麦和其他地区的春玉米，作物具有更好的光合作用条件；春玉米相比于夏玉米生长周期长，生长期的 GPP 累积量较大；同时，干旱区充分的灌溉在一定程度上弥补了干旱区降雨量的不足，因此干旱区在具备灌溉条件的地区作物具有更高 GPP。

对于 R_e 而言，本书研究区小麦生长季的 R_e 明显大于其他地区，仅与河北栾城、德国、美国地区的研究结果较为接近，玉米生长季的 R_e 同样远高于其他地区研究结果。小麦生长季的 R_e/GPP 与其他地区相当，但玉米生长季的 R_e/GPP 比其他地区较大。这可能主要与温度及作物生长季有关，平均温度高的地区作物呼吸作用增强，R_e 总量普遍较大，但由于冬小麦生长季较春小麦更长，R_e 总量同样会增大，故最终的 R_e/GPP 基本相当。研究区由于玉米生长季温度较高，

R_e 和 R_e/GPP 明显偏高，同在西北干旱区的甘肃盈科站由于平均温度较低，R_e/GPP 明显较小，可见同样为干旱地区，温度不同作物的呼吸作用差异较大。

虽然研究区小麦、玉米生长季的 GPP 比表 6-6 中多个站点更大，但由于研究区的 R_e 同样大于其他站点，最终导致研究区的 NEE 并不比其他站点高。小麦生长季的 NEE 仅比山东禹城稍高，比德国、美国地区研究结果偏低。对于玉米生长季，生态系统 R_e/GPP 高达 93.8%，NEE 与吉林通榆、德国 Dresden 相似，表现为弱碳汇，而在国内其他地区玉米表现为较强的碳汇。

表 6-6 不同地区小麦、玉米农田生态系统 *GPP*、R_e、*NEE* 对比

作物	研究地点	生长季	气温/℃	降水量/mm	GPP/(g/m^2)	R_e/(g/m^2)	NEE/(g/m^2)	参考文献
小麦	中国，甘肃景泰	3—7月	15.9	137.2	956.4	657.1	−299.4	本次研究
	中国，陕西杨凌	10月至次年6月	12.9	635	570～608	279～382	−291～−226	王云霏[114]
	中国，陕西长武	9月至次年6月	9.1	584.1	512～577	294～314	−219～263	Wang 等[141]
	中国，山东禹城	10月至次年6月	13.1	528	587～664	543～563	−152～−78	Li 等[142]
	EI Reno，Oklahoma，美国	9月至次年6月	14.9	860	921～996	603～672	−403～−251	Bajgain 等[143]
	中国，河北栾城	10月至次年6月	12.5	480	1051	692	−359	Wang 等[144]
	Selhausen，德国	11月至次年7月	9.9	698	1120～1338	674～836	−502～−445	Schmidt 等[145]
玉米	中国，甘肃景泰	4—10月	18.5	118.3	1540.6	1444.5	−96.1	本次研究
	中国，河北栾城	6—10月	12.5	480	984	841	−143	Wang 等[144]
	中国，山西寿阳	5—9月	8.2	474.5	1313	690	−623	Gao 等[146]
	中国，吉林通榆	5—9月	5.1	377.6	147～373	170～288	−96～23	Qun 等[147]
	Dresden，德国	4—10月	7.3	850	1067	1035	−32	Prescher 等[148]
	中国，甘肃盈科	4—9月	7.5	67	1576	941	−629	Wang 等[149]
	Wageningen，荷兰	4—10月	10.5	803	1794	1197	−597	Jans 等[150]

综上对比可知，在西北干旱灌区内，无论是小麦还是玉米在生长季均表现为碳汇。小麦、玉米生长季农田生态系统的总初级生产力比国内其他地区较大，但在净碳吸收量方面并没有表现出优势，甚至在玉米生长季，NEE 处于较低水平。从生态系统固碳角度分析，研究区种植小麦具有更好的碳汇潜力。

6.4.2 干旱区不同生态系统碳通量对比

为了解干旱半干旱区不同生态系统的碳汇属性，选择我国西北部分干旱半干旱地区的棉花、沙漠草地、枣林、荒漠灌丛与荒漠草地等农林生态系统，与本书中小麦、玉米农田生态系统的 *GPP*、R_e 和 *NEE* 进行对比，结果见表 6-7。可以看出，在人工干预下的农作物生态系统的 *GPP* 明显大于荒漠草地、灌丛、枣林等生态系统，主要是因为农田作物种植密度比其他林草植被大，生长季绿叶面积较大，光合作用碳吸收作用明显较强。但是由于农田生态系统 R_e 同样比其他生态系统更大，导致玉米生长季 *NEE* 仅略大于荒漠灌丛，甚至小于林草地。小麦生长季的 *NEE* 明显大于其他作物及林草生态系统。这说明在西北干旱半干旱地区，农作物种植从固碳角度考虑比其他自然林草植被生态系统更具优势，特别是小麦的种植能够起到更好的固碳作用。

表 6-7　　干旱半干旱地区不同生态系统 *GPP*、R_e、*NEE* 对比

作物	研究地点	生长季	气候	*GPP* /(g/m^2)	R_e /(g/m^2)	*NEE* /(g/m^2)	参考文献
小麦	甘肃景泰	3—7月	干旱	956.4	657.1	−299.4	本次研究
玉米	甘肃景泰	4—10月	干旱	1540.6	1444.5	−96.1	本次研究
棉花	新疆库尔勒	4—10月	干旱	1217	941	−276	明广辉[10]
沙漠草地	宁夏沙坡头	4—10月	干旱	187.7	70.2	−117.5	Zhou 等[151]
枣林	新疆阿克苏	4—10月	干旱	363.6	217	−146.6	乔英[100]
荒漠灌丛	内蒙古通辽	4—10月	半干旱	222.8	162.4	−60.4	龚婷婷[152]
荒漠草地	陕西榆林	4—10月	半干旱	373.1	234.9	−138.2	龚婷婷[152]

6.5 农田生态系统碳水耦合机制

6.5.1 碳水耦合季节变化特征

农田生态系统碳水耦合关系主要表现为植物光合固碳和蒸散耗水之间的关系，碳水耦合特性可以用水分利用效率（*WUE*）来表征。由图 4-9 和图 6-2 可知，观测期间，*GPP* 和 *ET* 的季节变化趋势非常相似，呈现年内单峰变化过程，在 7—8 月达到峰值。利用 *GPP* 和 *ET* 的日值即可得到生态系统每天的 *WUE* 值，图 6-9 为观测期内小麦、玉米 4 个生长季的 *WUE* 季节变化过程，为避免作物生长初期较小的蒸散发量对水分利用效率的影响，主要采用 4 月以后叶面积指数大于 0.5m^{-2}/m^2 时的生长期数据。小麦和玉米在成熟期以前，*WUE*

呈现出先下降再上升的趋势，主要是因为生长初期作物叶面积较小，光合速率增长缓慢，但土壤蒸发量随着温度的回升而快速增大，造成 *WUE* 存在先下降过程，后随着作物的快速生长，光合作用速率高于蒸散发速率，从而引起 *WUE* 的快速增大。作物进入成熟期后，*WUE* 开始快速下降并维持在某一较低区间值。小麦 *WUE* 的峰值出现在 6 月，最大值为 6.82～7.26g/kg；玉米 *WUE* 的峰值经常出现在 8 月，最大值为 6.85～7.87g/kg，生态系统 *WUE* 的变化过程因年际间气候变化不同存在差异。*WUE* 的最大值并非出现在叶面最大的时期，可能与该时期生态系统蒸散发量较大有关。本书中小麦 *WUE* 最大值比华北平原区冬小麦研究（5～6g/kg）结果较大，可能是因为冬小麦最大值出现在 4 月，受光合有效辐射的影响，光合速率并非最大；玉米 *WUE* 最大值与华北地区研究结果（7～8g/kg）较为接近[30]。

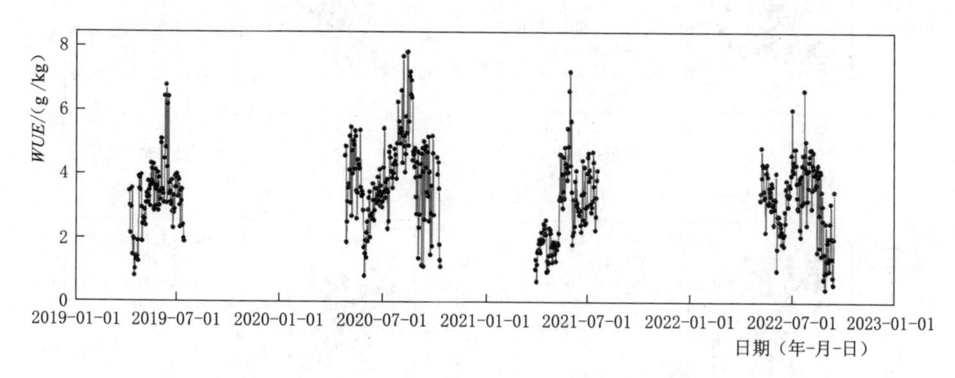

图 6-9　生长季内水分利用效率变化过程

在一定时期内作物平均水分利用效率可以用 *GPP* 与 *ET* 线性拟合的斜率表示。分别对观测期内小麦、玉米生长季的 *GPP* 与 *ET* 日值进行线性拟合，结果如图 6-10（a）和图 6-10（b）所示。线性拟合 R^2 均在 0.8 以上，即 *GPP* 与 *ET* 表现出较好的线性关系，说明碳吸收与水分蒸散发之间的耦合关系更为紧密稳定。小麦生长季两年的平均 *WUE* 分别为 2.92g/kg 和 2.96g/kg，玉米生长季两年的 *WUE* 平均为 3.82g/kg，即玉米生长季的 *WUE* 大于小麦，主要是因为玉米为 C4 作物，水分利用效率大于 C3 作物。本书中小麦生长季的 *WUE* 与华北平原区[30] 研究结果（2.82g/kg）相当，比黄土塬区[153] 研究结果（1.77g/kg）偏大；本书玉米生长季的 *WUE* 比华北平原区[30] 夏玉米研究结果（4.81g/kg）较小，但比东北雨养玉米[68] 研究结果（2.53g/kg）较大。

为与其他研究成果对比，同样对 *NEE* 与 *ET* 的关系进行拟合，结果如图 6-10（c）和图 6-10（d）所示。线性拟合 R^2 为 0.768～0.816，相关性略低于 *GPP* 与 *ET* 的关系，但仍然表现出明显的线性关系。小麦生长季的平均 WUE_{NEE}

分别为 1.24g/kg 和 1.47g/kg，玉米生长季的平均 WUE_{NEE} 为 1.14g/kg 和 1.35g/kg，这一结果与雷慧闽[30]、Tong 等[154]、Zhao 等[155] 得到小麦的结果相似，但玉米的 WUE_{NEE} 明显低于其他相关研究成果，这主要是因为干旱区受气温影响，作物呼吸作用较强，*NEE* 值较小。

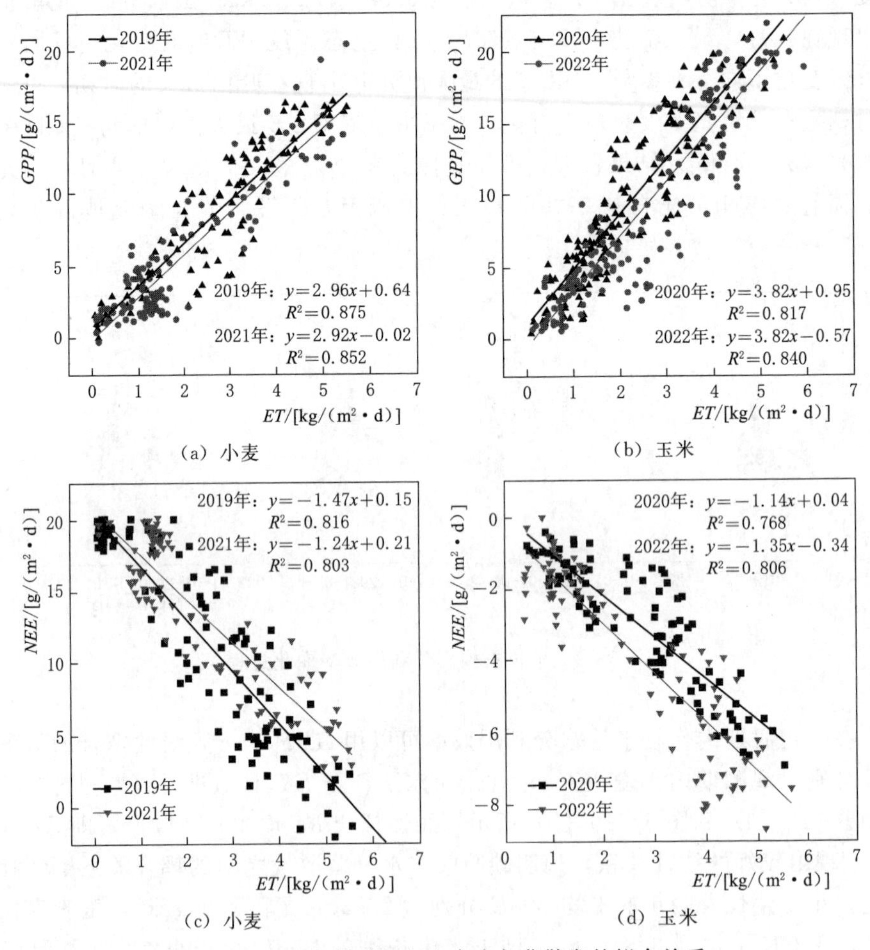

图 6-10 生长季总初级生产力与蒸散发的拟合关系

水分利用效率也可以采用其他形式的碳水耦合关系进行表征，见表 6-8 所示。在生态系统尺度上，以生长季净生态系统生产力（*NEP*）为作物产出，小麦生长季整体的 WUE_{NEP} 为 1.23g/kg 和 0.82g/kg，玉米生长季整体的 WUE_{NEP} 为 0.22g/kg 和 0.23g/kg。该结果与东北雨养玉米田[68] 的研究结果相似，玉米生态系统的 WUE_{NEP} 远低于小麦，这主要与玉米生长季 *NEP* 的大小有关系，研究区玉米生长季生态系统呼吸量较大，导致生长季的 *NEP* 明显低于小麦。

表 6-8 不同农学水分利用效率对比

作物	年份	ET /mm	GPP /(g/m²)	NEP /(g/m²)	Y /(kg/hm²)	WUE_{GPP} /(g/kg)	WUE_{NEP} /(g/kg)	WUE_{Y_ET} /(kg/m³)	WUE_{Y_PRE+I} /(kg/m³)
小麦	2019	299.5	1007.5	369	6300	2.96	1.23	2.10	0.94
	2021	278.3	905.3	230	5190	2.92	0.82	1.86	0.87
玉米	2020	390.9	1555.5	85.6	9075	3.82	0.22	2.32	1.21
	2022	459.7	1525.6	107	8760	3.82	0.23	1.91	1.04

从经济产量水平上看，小麦生长季的 WUE_{Y_ET} 为 1.86kg/m³ 和 2.10kg/m³，玉米生长季的 WUE_{Y_ET} 为 2.32kg/m³ 和 1.91kg/m³，这与东北雨养玉米田[68] 的研究结果（1.87kg/m³）相当。通过计算 WUE_{Y_PRE+I} 可知，小麦生长季的水分利用效率为 0.87kg/m³ 和 0.94kg/m³，玉米生长季的水分利用效率为 1.21kg/m³ 和 1.04kg/m³，可见从经济产量上看，以田间蒸散发（ET）作为水量消耗成本，玉米和小麦的水分利用效率相当；如果以降水量与灌溉量之和作为水量消耗成本，田间地面灌溉的水分利用效率较低，但玉米水分利用效率大于小麦，这与该地区玉米经济产量明显大于小麦有关。

从固碳的角度来看，该地区小麦的固碳潜力较大，更适合种植小麦；从经济产量收入的角度来看，该地区更适合种植玉米，在生产实践当中人们可能更多关注的是经济产量收入，因此该地区人们可能更倾向于种植玉米。另外，干旱区较强的辐射条件及田间灌溉形式使得农田生态系统蒸散发量偏大，因此水分利用效率相对于湿润地区较低。研究表明，适当减小田间持水量，小麦、玉米产量相差并不大，亏缺灌溉等灌溉方式在保证作物产量的同时减小灌溉水量，降低 VPD 提高干旱区蒸腾效率，进而能够提高水分利用效率。干旱区减小灌溉量可能降低土壤盐分的淋洗效果，增大土壤盐碱化风险，因此在干旱区农田灌溉应基于水分利用效率并兼顾土壤盐渍化发展确定合理的灌溉制度，使有限的水资源得到优化配置。

6.5.2 环境因素对碳水耦合特性的影响

在生态系统尺度上，虽然 GPP 与 ET 往往表现出相同的日内及季节变化特征，但两者并不一定完全符合线性相关关系。GPP 与 ET 的线性关系越好则表明碳吸收和水分消耗之间的耦合关系更为紧密、稳定。部分研究表明[156-157]，饱和水汽压差和参考作物蒸散发量对 WUE 的稳定性存在影响，雷慧闽[30] 在华北平原区的小麦玉米轮作农田研究结果同样发现 WUE 随着 VPD 或者 ET_0 的增大而减小，两者呈倒数关系，R^2 范围为 0.15～0.46。

本书中虽然 GPP 与 ET 的线性拟合关系较好，但同样存在类似情况。如图

6-11所示，*WUE* 随着 *VPD* 或者 ET_0 的增大而减小，两者之间满足一定的幂函数关系，虽然决定系数 R^2 相对较小，但仍然说明碳水耦合特性受到环境因素的影响。由 *WUE* 与 *VPD*、ET_0 的关系可知，较低水平的 *VPD* 或者 ET_0 水平能够提高 *WUE*，是否可以适当调整作物生长季至 *VPD*、ET_0 相对较低的时期，进而提高水分利用效率，这还需要进一步研究。另外，*WUE* 与 *VPD*、ET_0 间的幂函数关系同时说明，采用 *VPD*、ET_0 对 *WUE* 进行标准化一定程度上能够消除 *VPD*、ET_0 对 *WUE* 非线性关系的影响。

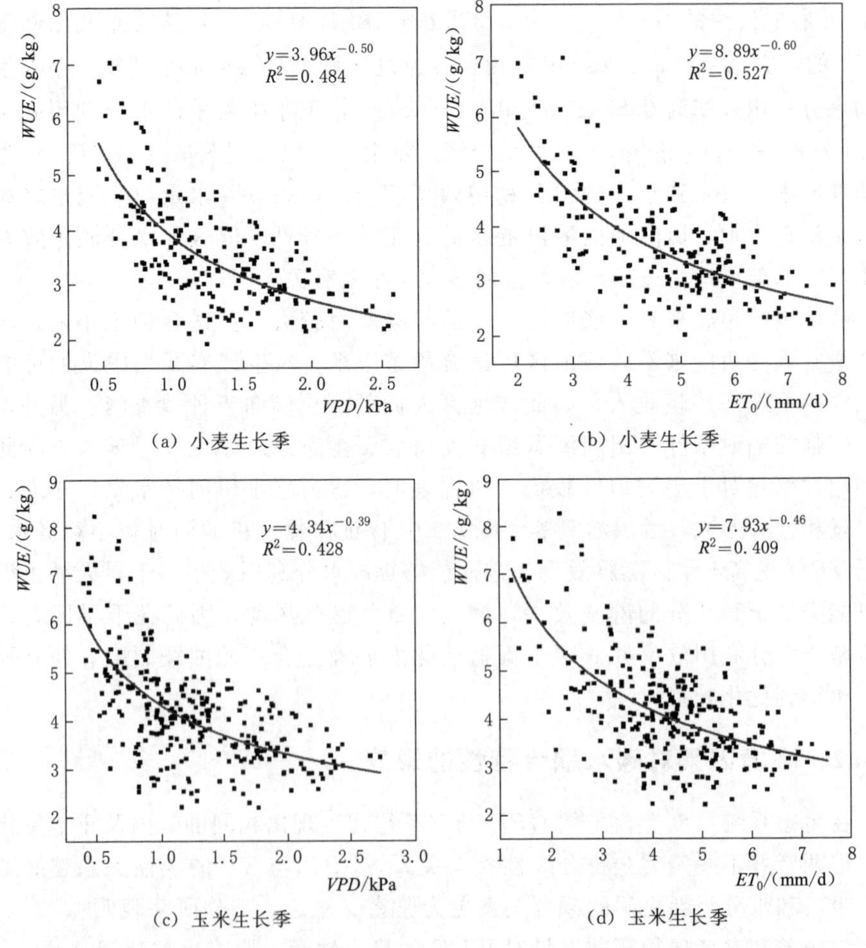

图6-11 生长季水分利用效率与饱和水气压、参考作物蒸散发的拟合关系

为消除 *VPD*、ET_0 对 *WUE* 计算的影响，有学者采用了不同的方式对 *WUE* 进行了标准化处理，其中Beer等[104] 验证了生态系统水平“内在水分利

用效率”（$IWUE$）的线性关系优于 WUE；Zhou 等[73] 在此基础上提出了“潜在水分利用效率”（$uWUE$）具有更高的稳定性，Steduto 等[158] 提出采用 ET_0 对 WUE 标准化处理的形式（WUE_{ET_0}）。为比较不同的 WUE 标准化处理形式对 WUE 稳定性的影响，对 GPP 和 VPD（或 ET_0）的几种不同组合形式分别与 ET 进行线性拟合分析分析，决定系数 R^2 统计结果见表 6-9。根据 R^2 的大小可知，该研究区采用 $IWUE$ 形式标准化处理后的碳水耦合关系稳定性并没有提升，但 $uWUE_a$ 形式标准化处理后的碳水耦合关系稳定性最优；采用 WUE_{ET_0} 形式标准化处理后碳水耦合关系稳定性提升，且 WUE_{ET_0} 形式标准化比 $IWUE$ 形式标准化对提高碳水耦合关系稳定性效果更好。

表 6-9　不同标准化处理方式的水分利用效率线性拟合决定系数（R^2）

作物	年份	GPP/ET	$GPP \cdot VPD/ET$	$GPP \cdot VPD^{0.5}/ET$	$GPP \cdot ET_0/ET$
小麦	2019	0.875	0.730	0.894	0.869
	2021	0.852	0.823	0.856	0.866
玉米	2020	0.817	0.566	0.830	0.860
	2022	0.840	0.674	0.859	0.806

通过上述分析可知，对于不同的生态系统来说，VPD、ET_0 对 WUE 的影响存在差异，即使同一生态系统不同年份间其影响程度也不完全相同。因此，考虑 VPD、ET_0 对生态系统碳水耦合关系时应在一定的限制条件下研究。

根据不同 VPD（或 ET_0）形式对 WUE 标准化处理的结果，为便于与其他研究比较，分别回归分析了小麦、玉米生长季和年尺度的生态系统潜在水分利用效率（$uWUE_p$）、表观潜在水分利用效率（$uWUE_a$）和平均 WUE_{ET_0}，结果见表 6-10。小麦生长季的 WUE_{ET_0} 为 6.13g/m^2 和 6.99g/m^2，玉米生长季内的 WUE_{ET_0} 为 7.55g/m^2 和 8.01g/m^2，该研究结果比雷慧闽[30]（小麦 10.6g/m^2、玉米 16.3g/m^2）、Suyker 等[23] 研究结果（玉米 17.9g/m^2）均偏小，这可能与该地区光合有效辐射有关，根据 Tong 等[154] 的研究，当光合 PAR 大于 1000umol/(m^2·s) 时，c_i/c_a 才能达到恒定的值（0.42），否则 c_i/c_a 的快速升高，进而引起 WUE 降低。

由表 6-10 可知，小麦生长季的 $uWUE_a$ 为 10.67g/(hPa$^{0.5}$·kg) 和 11.09g/(hPa$^{0.5}$·kg)，与全年尺度的 $uWUE_a$ 值 [10.71g/(hPa$^{0.5}$·kg) 和 11.69g/(hPa$^{0.5}$·kg)] 基本一致，说明小麦种植年份非生长季生态系统水分利用效率与生长季基本一致。玉米生长季的 $uWUE_a$ 分别为 13.67g/(hPa$^{0.5}$·kg) 和 12.76g/(hPa$^{0.5}$·kg)，与全年尺度的 $uWUE_a$ 值 [12.11g/(hPa$^{0.5}$·kg) 和 11.78g/(hPa$^{0.5}$·kg)] 相比较大，说明玉米种植年份非生长季生态系统水分利用

效率较低，主要是因为玉米种植年份非生长季存在冬灌和春灌，该部分灌溉水水分利用效率偏低。由此可知，从水分利用效率角度来看冬灌和春灌存在水资源的不合理利用。

通过对年度半小时尺度的 $GPP \cdot VPD^{0.5}$ 与 ET 数据进行95%分位数回归分析，得到小麦观测期的潜在水分利用效率为18.37g/(hPa$^{0.5}$ · kg）和19.21g/(hPa$^{0.5}$ · kg)，玉米的潜在水分利用效率为25.05g/(hPa$^{0.5}$ · kg）和26.4g/(hPa$^{0.5}$ · kg)。本书研究结果比黑河流域大满站玉米研究结果 $uWUE_p$ [15.6g/(hPa$^{0.5}$ · kg)]更大[159]。由表6-10可以看出，小麦、玉米生长季及全年的 $uWUE_a$ 远低于生态系统的潜在水分利用效率 $uWUE_p$，小麦生长季 $uWUE_a/uWUE_p$ 之比为58%，玉米生长季两者之比仅为51%，该结果表明研究区农田生态系统水分利用效率还有较大提升空间。灌区应该结合作物生长期的需水规律优化灌溉制度，改进灌溉方式，加强水资源管理，提升水资源利用效率。

表6-10　对环境因子标准化处理后的小麦玉米水分利用效率

作物	年份	$uWUE_p$ /[g/(hPa$^{0.5}$ · kg)]	$uWUE_a$/[g/(hPa$^{0.5}$ · kg)]		WUE_{ET_0}/(g/m^2)	
			生长季	全年	生长季	全年
小麦	2019	18.37	10.67	10.71	7.08	6.99
	2021	19.21	11.09	11.69	6.41	6.13
玉米	2020	26.40	13.67	12.11	8.97	8.01
	2022	25.05	12.76	11.78	7.54	7.55

6.6 本章小结

基于 NEE 分解，分析了农田生态系统各碳通量在不同时间尺度上的变化特征，采用通径分析方法确定了环境因子对农田生态系统碳通量的直接和间接影响，重点分析了温度对碳通量的影响；通过计算生态系统碳收支状况，对干旱区小麦、玉米农田碳汇属性进行了判定，并与不同地区不同生态系统进行了对比；基于生态系统水分利用效率分析农田生态系统碳水耦合变化特性，探讨了小麦、玉米不同农学意义水分利用效率的差异及稳定性。得出主要结论如下：

(1) 小麦和玉米农田生态统 NEE 月平均日变化表现为U形变化，GPP 和 R_e 则表现出倒U形，小麦和玉米 GPP 峰值分别为27.8～46.6μmol/(m^2 · s）和32.2～45.7μmol/(m^2 · s)，R_e 的峰值分别为9.0～14.4μmol/(m^2 · s）和16.7～17.6μmol/(m^2 · s)，NEE 的日内峰值出现在7月，小麦峰值分别为

$-28.3\sim-20.2\mu mol/(m^2\cdot s)$，玉米峰值分别为$-28.4\sim-20.7\mu mol/(m^2\cdot s)$。

（2）小麦、玉米农田生态系统碳通量季节变化特征明显，*NEE* 与 *GPP* 的季节变化相反。小麦 *GPP* 在 7 月中旬达到峰值，为 $16.9g/(m^2\cdot d)$ 和 $32.8g/(m^2\cdot d)$，玉米在 7 月下旬达到峰值，为 $21.1g/(m^2\cdot d)$ 和 $25.3g/(m^2\cdot d)$；小麦、玉米 *NEE* 最小峰值均出现在 7 月，其中小麦为 $-9.1g/(m^2\cdot d)$ 和 $-8.6g/(m^2\cdot d)$，玉米为 $-7.1g/(m^2\cdot d)$ 和 $-10.6g/(m^2\cdot d)$；R_e 最大峰值滞后于 *NEE* 和 *GPP*，其中小麦为 $13.9g/(m^2\cdot d)$ 和 $25.7g/(m^2\cdot d)$，玉米为 $18.3g/(m^2\cdot d)$ 和 $28.0g/(m^2\cdot d)$。

（3）对碳通量变化影响较大的环境因子是温度，不同作物或者不同碳通量对 T_a、T_s 的响应不同，碳通量同时受到 R_n、*VPD*、u 等因素的直接或间接影响；在半小时尺度和日尺度上，R_e 与温度均满足指数正相关关系，其中玉米 R_e 而更受控于 T_s，而小麦 R_e 则更受控于 T_a；温度对农田生态系统 *NEE* 的源汇影响存在某临界值，其中小麦为 8℃，玉米为 10℃，温度大于该临界值时生态系统整体表现为碳汇，小于该临界值时生态系统整体表现为碳源。

（4）在生长季，小麦生态系统的 *GPP*、R_e 和 *NEE* 总量分别为 $956.4g/m^2$、$657.1g/m^2$ 和 $-299.4g/m^2$，表现出较强碳汇；玉米生态系统 *GPP*、R_e 和 *NEE* 总量分别为 $1540.6g/m^2$、$1444.5g/m^2$ 和 $-96.1g/m^2$，同样表现出碳汇。考虑作物籽料收获后，小麦生态系统 *NBP* 平均值为 $-77.0g/m^2$，整体仍然表现为碳汇，玉米生态系统 *NBP* 值平均为 $240.1g/m^2$，即表现为较强的碳源。研究区玉米生态系统 R_e/GPP 远高于小麦，小麦的碳汇潜力更大。在年尺度上，小麦生态系统的 *GPP*、R_e 和 *NEE* 总量分别为 $1547.4g/m^2$、$1256.7g/m^2$ 和 $-290.6g/m^2$，表现出较强碳汇；玉米生态系统的 *GPP*、R_e 和 *NEE* 总量分别为 $1735.4g/m^2$、$1675.3g/m^2$ 和 $-55.1g/m^2$，同样表现出碳汇。考虑作物籽料收获后，小麦生态系统仍然表现为碳汇，但玉米生态系统表现为较强的碳源。受作物品种、耕作方式及气候变化等因素的影响，不同生态系统的固碳能力不同，干旱区农田生态系统 *GPP* 明显高于其他地区农田生态系统，但固碳潜力并不高。

（5）小麦和玉米在成熟期以前，*WUE* 呈现出先下降再上升的趋势，进入成熟期后，*WUE* 开始快速下降并维持在某一较低区间值。小麦生长季的平均 *WUE* 为 2.94g/kg，玉米生长季平均 *WUE* 为 3.82g/kg，玉米作为 C4 作物水分利用效率高于小麦。农田生态系统碳水耦合关系及稳定性受到 *VPD*、ET_0 的影响，通过 *VPD*、ET_0 对 *WUE* 进行标准化够提高碳水耦合的稳定性；研究区农田生态系统水分利用效率偏低，具有较大提升空间。

第7章 农田生态系统水热碳通量耦合模拟研究

随着对陆面过程与气候系统关系认识的不断深入，陆面过程和陆面模式的研究得到了快速发展。陆地生态系统中，水-能量-碳之间的耦合作用过程较为复杂，以陆气间通量传输模拟为核心的陆面过程模型能够实现生态系统水热碳循环的有效模拟，也是陆面过程水热碳传输研究的必经阶段。通过陆面过程的模拟能够进一步揭示生态系统水热碳通量的传输机理，同时也可对陆面模型在不同类型生态系统中的模拟应用及参数化进行验证。本章以甘肃省景电灌区小麦、玉米农田生态系统为基础，将模拟生态系统陆面过程的一维光化学模型（SCOPE）与土壤水热气传导模型（STEMMUS）进行耦合，构建基于土壤-植物-大气连续体（SPAC）框架系统的 SCOPE - STEMMUS 耦合模型；采用观测站小麦、玉米农田生态系统气象观测数据，对耦合模型进行率定，并对研究区小麦、玉米农田生态系统的水热碳通量变化进行模拟。

7.1 水热碳通量耦合（SCOPE - STEMMUS）模型构建

7.1.1 SCOPE 模型概述

SCOPE（Soil Canopy Observation，Photochemistry and Energy Fluxes）模型是一种生态系统陆面过程模型，该模型整合了生态系统从地表土壤到植被冠层范围的光谱辐射过程、光合化学作用过程和能量平衡物理过程，通过该模型能够对生态系统冠层光谱、光合作用、叶绿素荧光及蒸散发等过程进行有效模拟[160]。

SCOPE 模型的优势是将冠层辐射传输模型与叶片生理模型相耦合，能够通过定量计算分析输入参数对日光诱导叶绿素荧光（*SIF*）与 *GPP* 的敏感性，并能够自动去除输入参数的影响，这为更好地理解 *SIF* 与 *GPP* 之间的关系提供了方便。SCOPE 模型中，叶片尺度的日光诱导叶绿素荧光主要通过 Fluspect 辐射传输模块进行计算，冠层尺度的日光诱导叶绿素荧光主要通过基于 SAIL 模型的 RTMo 模块进行计算。但 SCOPE 模型的缺点是冠层内的辐射传输、光合作用等模拟过程没有考虑作物与土壤之间的整体水平衡关系，且未设置能够表征土壤水分变化对叶片光合速率及气孔阻力间关系的物理参数。Bayat 等[161] 研究发现，植被光学反应的变化只能解释部分土壤水分动态对植被的影响，当模拟过程不考虑土壤水分变化对植被的影响时，通过 SCOPE 模型模拟的 GPP 和 ET 将会出现较大误差。因此，原有 SCOPE 模型不能对水分胁迫下情况的冠层通量做出反应，该问题一定程度上限制了模型在干旱区生态系统中的应用（干旱区生态系统经常发生水分胁迫情况）。

SCOPE 模型模拟过程中，作物光合速率的计算利用 Farquhar 等[162] 提出的光合作用模型。具体计算过程见式（7－1）～式（7－4）：

$$V_c = V_{cmax} WSF \tag{7-1}$$

$$V_e = \frac{J}{6} \times \frac{-b \pm \sqrt{b^2 - 4ac}}{2a} \tag{7-2}$$

$$V_s = p_i \left(K_p - \frac{L}{p_i} \right) / P \tag{7-3}$$

$$A = \min(V_c, V_e, V_s) \tag{7-4}$$

式中：V_{cmax} 为 Rubisco 最大羧化速率，$\mu mol/(m^2 \cdot s)$；WSF 为总水分胁迫系数；J 为电子传递速率，$\mu mol/(m^2 \cdot s)$；p_i 为胞间 CO_2 分压，hPa；K_p 为 PEP 羧化酶的拟一级速率常数；P 为大气压力，hPa。

植被暗呼吸（R_d）速率按式（7－5）计算：

$$R_d = f_d V_{cmax} \tag{7-5}$$

式中：f_d 为经验参数，C3 植物一般取 0.015，C4 植物一般取 0.025。

净光合速率 A_n 按式（7－6）计算：

$$A_n = A - R_d \tag{7-6}$$

气孔阻力 r_c 按式（7－7）计算：

$$r_c = \frac{0.625(C_s - C_i)}{A_n} \times \frac{\rho_a}{M_a} \times \frac{10^{12}}{P} \tag{7-7}$$

式中：ρ_a 为空气密度，kg/m^3；M_a 为干空气摩尔分子质量，g/mol；P 为大气压力，hPa。

潜热通量 LE 按式（7－8）计算：

$$LE = \lambda \frac{q_i - q_a}{r_a - r_c} \tag{7-8}$$

式中：λ 为液态水汽化热，J/kg；q_i 为叶片气孔或土壤孔隙内的湿度，kg/m^3；q_a 为观测冠层以上的大气湿度，kg/m^3；r_a 为陆面空气动力学项，s/m；r_c 为气孔阻力或土壤表面阻力，s/m。

q_i 按式（7－9）计算：

$$q_i = e_i \frac{M_W / M_a}{p} \tag{7-9}$$

式中：e_i 为水汽压，hPa；M_W 为水的摩尔质量，g/mol。

e_i 按式（7-10）计算：

$$e_i = e_{sat} \exp\left(\frac{0.0001y \dfrac{M_W}{R}}{T_i + 273.15}\right) \tag{7-10}$$

$$e_{sat} = 0.617 \times 10^{\left(\frac{7.5T_i}{T_i + 273.15}\right)} \tag{7-11}$$

式中：e_{sat} 为温度为 T_i 时的饱和水汽压，hPa；R 为物质的摩尔气体常数，J/(mol·K)；T_i 为叶面温度或土壤温度，℃。

7.1.2 STEMMUS 模型概述

STEMMUS（Simultaneous Transfer of Energy，Mass and Momentum in Unsaturated Soil）模型是描述非饱和土壤中水、汽、干空气和热耦合传输过程的模型[163]。该模型是在非饱和土壤水热耦合传输理论的基础上，添加了土壤干空气对土壤水运动的影响，将土壤空气压强视为一个独立变量，耦合了土壤空气运动方程。该模型控制方程的数值求解运用隐式有限差分法，然后通过 MATLAB 程序实现对控制方程的数值求解。

在该模型基础上，Yu 等[164] 编入了宏观根系吸水模型模块，使之成为了能模拟土壤水热、作物蒸腾及土壤蒸发的 SPAC 模型。该模型中植物潜在蒸腾是通过双作物系数或 S-W 双源模型来计算的，作物蒸腾量的变化是通过土壤水分含量与 G_c 之间的半经验关系或者土壤水分胁迫因素来计算的，虽然两种方式均在一定程度上较好地模拟水分胁迫下的作物蒸腾量和土壤水分变化，但该过程缺乏机理性。

STEMMUS 模型中的控制方程主要包括土壤水分运动方程、干空气运动方程和能量平衡方程。其中，土壤水分运动的描述分为液态水和蒸汽两种形式，其基本理论是 Milly 对 Richards 方程的修正方程，见式（7-12）：

$$\frac{\partial \theta}{\partial t}(\rho_L \theta_L + \rho_V \theta_V) = -\frac{\partial q_L}{\partial z} - \frac{\partial q_V}{\partial z} - S \tag{7-12}$$

式中：ρ_L 为液态水密度，kg/m^3；ρ_V 为水汽密度，kg/m^3；θ_L 为液态水的体积含量，m^3/m^3；θ_V 为水汽的体积含量，m^3/m^3；z 为纵向坐标，m；q_L 为土壤液态水通量，kg/(m^2·s)；q_V 为水汽通量，kg/(m^2·s)；S 为根系吸水源汇项，s^{-1}。

液态水通量由压力水头驱动的等温通量 q_{Lh} 和温度驱动的热量通量 q_{LT} 组成，按式（7－13）计算：

$$q_L = q_{Lh} + q_{LT} = -\rho_L K_{Lh}\left(\frac{\partial h}{\partial z}+1\right) - \rho_L K_{LT}\frac{\partial T}{\partial z} \tag{7-13}$$

式中：K_{Lh} 为等温水分渗透系数，m/s；K_{LT} 为考虑土壤温度差的水分渗透系数，$m^2/(s \cdot ℃)$；h 为压力水头，m；T 为土壤温度，℃。

水汽通量也由压力水头驱动的等温通量 q_{Vh} 和温度驱动的热量通量 q_{VT} 组成，按式（7－14）计算：

$$q_V = q_{Vh} + q_{VT} = -D_{Vh}\frac{\partial h}{\partial z} - D_{VT}\frac{\partial T}{\partial z} \tag{7-14}$$

式中：D_{Vh} 为等温水汽传导率，$kg/(m^2 \cdot s)$；D_{VT} 为热水汽扩散系数 $kg/(m \cdot s)$。

STEMMUS 模型中土壤干空气运动过程主要是基于 Thomas 原理，并通过 Henry 定律表征了土壤水中溶解的气体：

$$\frac{\partial}{\partial t}[\varepsilon\rho_{da}(S_a + H_c S_L)] = \frac{\partial}{\partial z}\left[D_e\frac{\partial \rho_{da}}{\partial z} + \rho_{da}\frac{S_a K_g}{\mu_a}\frac{\partial P_g}{\partial z} - H_c\rho_{da}\frac{q_L}{\rho_L} + (\theta_a D_{vg})\frac{\partial \rho_{da}}{\partial z}\right] \tag{7-15}$$

式中：ε 为土壤孔隙度；ρ_{da} 为干空气密度，kg/m^3；S_a 为土壤的空气饱和度；S_L 为土壤的液态水饱和度；H_c 为 Henry 常数；D_e 为水汽分子扩散速率，m^2/s；K_g 为空气渗透系数，m^2；ρ_L 为液态水通量，$kg/(m^2 \cdot s)$；θ_a 为土壤中干空气体积比率；D_{vg} 为空气弥散运动系数，m^2/s。

土壤中能量传输的形式包括传导和对流。土壤中存储的热量主要由土壤容积热量、蒸发潜热和土壤湿润热组成，热对流主要包括液态水通量、水汽通量和干空气通量传输。因此，土壤中热运移方程为

$$\begin{aligned}&\frac{\partial}{\partial t}[(\rho_s\theta_s C_s + \rho_L\theta_L C_L + \rho_V\theta_V C_V + \rho_{da}\theta_a C_a)(T-T_r) + \rho_V\theta_V L_0] - \rho_L W\frac{\partial \theta_L}{\partial t}\\&= \frac{\partial}{\partial z}\left(\lambda_{eff}\frac{\partial T}{\partial z}\right) - \frac{\partial}{\partial z}\{q_L C_L(T-T_r) + q_V[L_0 + C_V(T-T_r)]\\&\quad + q_a C_a(T-T_r)\} - C_L S(T-T_r)\end{aligned} \tag{7-16}$$

式中：C_s、C_L、C_V、C_a 分别为土壤颗粒、液态水、水汽和干空气的比热容，$J/(kg \cdot ℃)$；ρ_s 为土壤颗粒密度，kg/m^3；q_s 为土壤颗粒体积比例，%；T_r 为参考温度，℃；L_0 为温度为 T_r 时的汽化热，J/kg；W 为土壤润湿热，J/kg；λ_{eff} 为土壤有效热传导系数，$W/(m \cdot ℃)$；q_L、q_V 和 q_a 分别为液态水、水汽和干空气通量，$kg/(m^2 \cdot s)$。

7.1.3 SCOPE - STEMMUS 模型主要耦合过程

在全球气候变暖加剧的态势下，干旱区生态系统干旱情景频发，SCOPE 模型能否在干旱区生态系统中应用的关键是其能否对土壤水分胁迫做出响应。有学者尝试在 SCOPE 模型中添加土壤水分信息，如 Bayat 等[161] 利用干旱区草原土壤水分实测资料进行了 SCOPE 模型的研究，结果表明模拟效果较好。由前文可知，STEMMUS 模型能够较好地模拟土壤水热迁移过程，因而利用 SPAC 体系将 SCOPE 与 STEMMUS 结合，可实现对小麦、玉米农田下垫面陆面过程的机理性模拟。

在 SCOPE - STEMMUS 耦合模型的构建中，主要做了以下几个方面的耦合改进：①将通过 STEMMUS 模型模拟得到的土壤水分信息传递给 SCOPE 模型，用于计算水分胁迫系数，以弥补 SCOPE 模型对水分胁迫方面的不足；②将 SCOPE 模拟得到的表面土壤温度传递给 STEMMUS 模型，作为其土壤温度的上边界条件；③用 SCOPE 模型的蒸散发计算模块替换 STEMMUS 中的蒸散发计算模块，使蒸散发模拟更具有机理性；④增加根系生长模块和根吸水项计算，使土壤水分与蒸散发模拟更符合作物生理过程中水分的运动过程，其中根系生长模型参考作物模型（STICS）和根吸水项计算过程参考文献［165］。

（1）根系生长模型。根系生长模型主要包括根区深度动态模拟和根长生长动态模拟两部分。对于播种作物来说，播种深度即为根区深度的初始长度。

$$\Delta_z = \begin{cases} 0 & T_a < T_{\min} \\ (T_a - T_{\min})RGR & T_{\min} < T_a < T_{\max} \\ (T_{\max} - T_{\min})RGR & T_{\max} < T_a \end{cases} \tag{7-17}$$

$$D_z(i) = D_z(i-1) + \Delta_z \tag{7-18}$$

式中：Δ_z 为根区深度在第 i 个时间段的变化量，cm/d；D_z 为根区的深度，cm；T_a 为气温，℃；$T_{\min}$ 和 $T_{\max}$ 分别为根系生长的最低和最高温度，℃；RGR 为根区深度增长率，cm/(℃·d)。

对于根长生长动态模拟，本书通过模拟每一层土的实际根长，进而模拟每一层土根系阻力。

$$\Delta Rl\_tot = \frac{A_n fr_{root}}{R_c R_D \pi r_{root}^2} \tag{7-19}$$

式中：fr_{root} 为根系光合作用产物分配系数；A_n 为作物净同化速率，μmol/(m^2·s)；R_c 为有机质碳含量；R_D 为根长密度，m/m^3；ΔRl_tot 为某一时间间隔内总根长的变化量，m/m^3。

（2）根系吸水模型。本书根系吸水及作物蒸腾的计算如下：

$$\sum_{i=1}^{n}\frac{\psi_{s,i}-\psi_l}{r_{s,i}+r_{r,i}+r_{x,i}}=\frac{0.622}{p}\frac{\rho_a}{\rho_W}\left(\frac{e_i-e_a}{r_c+r_a}\right)=T \tag{7-20}$$

式中：$\psi_{s,i}$ 为第 i 个土层的土壤水势，m；ψ_l 为叶水势，m；$r_{s,i}$ 为土壤水力阻力，s/m；$r_{r,i}$ 为根系径向阻力，s/m；$r_{x,i}$ 为植物轴向阻力，s/m；e_i 为叶子实际水汽压强，hPa；e_a 为大气的实际水汽压强，hPa。

7.2 SCOPE - STEMMUS 耦合模型率定

7.2.1 模型参数设置

（1）初始条件和边界条件。SCOPE - STEMMUS 耦合模型的模拟以测定温度和大气压作为初始条件，从 STEMMUS 模拟的初始土壤水分剖面开始。SCOPE 模型计算净光合作用（A_n）或总初级生产力（GPP）、土壤呼吸（R_s）、能量通量（R_n、LE、H 和 G）、蒸腾作用（T）和 SIF，作为根吸水（RWU）传递给 STEMMUS。地表土壤水分用于计算土壤表面阻力，进而计算土壤蒸发量（E）。此外，SCOPE 模型可以基于能量平衡计算土壤表面温度（T_{s0}），用作 STEMMUS 模型的顶部边界条件，并且可以通过迭代计算反映植物水分状况的参数叶水势（LWP）。基于根吸水项，STEMMUS 模型能够计算每一层在时间步长结束时的土壤水分，新的土壤水分剖面是下一个时间步长开始时的土壤水分，该时间步长一直重复到模拟期结束。本次研究使用的时间步长为 30min。

SCOPE - STEMMUS 耦合模型设置大气边界为土壤水运移模拟的上边界，主要包括降水和土壤蒸发，下边界条件设置为自由排水面。以 SCOPE 模型模拟的土壤表面和底部温度作为 STEMMUS 模型土壤能量方程的上下边界条件，以实测输入的大气压强作为干空气运移方程上边界条件，并将土壤-空气压力梯度设置为零，作为底部条件。

（2）参数设定。SCOPE - STEMMUS 耦合模型中的参数主要包括大气、土壤、根系和冠层四类参数，其中大气参数为模型输入的实测气象数据。SCOPE 模型和 STEMMUS 模型中的土壤、根系和冠层参数较多，Yu 等[164]、万华[166]、王嘉昕[167]、何泱[168]、Verrelst 等[169] 等针对模型参数进行了敏感性分析研究，结果显示多数参数的敏感性较低，敏感性较高的参数主要包括最大羧化速率（V_{cmax}）、叶面积指数（LAI）、VG 模型参数 n 和 α、土壤饱和含水量（θ_{sat}）和土壤残余含水量（θ_r）。本次研究中参考上述成果，不再进行参数的敏感性分析，对于敏感性较低的参数参考其他学者研究成果[170-172] 取值或者在模型给定的默认范围内直接取值，见表 7 - 1。

表7-1 模型主要参数设置

分区	参数	描述	单位	取值	
				玉米	小麦
冠层	C_{ab}	叶片叶绿素含量	μg/cm²	80	50
	C_{ca}	叶类胡萝卜素含量	μg/cm²	20	10
	C_w	叶片含水量	g/cm²	0.009	0.015
	C_{dm}	叶片干物质含量	g/cm²	0.012	0.01
	C_s	衰老物质含量		0	0
	h_c	冠层高度	m	[0～1.95]	[0～0.7]
	K_e	消光系数		0.15	0.15
	LAI	叶面积指数	m^3/m^3	(0.2～2.6)	(0.1～3.2)
	$LIDF$	叶倾角分布系数		−1，0	0.1，−0.2
	m	Ball-Berry气孔导度模型参数		4	9
根系	f	一个特定深度的分数，定义为连续的根数		0.22	0.22
	P_a	根轴向阻抗	s/m	6.5×10^{11}	1.5×10^{12}
	P_r	根径向阻抗	s/m	1×10^{10}	1×10^{11}
	RGR	根区深度变化速率	cm/(℃·d)	0.09	0.075
	r_{min}	同化产物对根的最小分配系数		0.15	0.15
	r_0	无胁迫使同化产物对根的分配系数		0.3	0.3
	r_{root}	根直径	m	0.15×10^{-3}	1.2×10^{-3}
	R_C	根干物质含碳量		0.488	0.488
	T_{min}	根系生长的最小温度	℃	10	8
	T_{max}	根系生长的最大温度	℃	40	40
土壤	C_L	液态水比热容	J/(kg·℃)	4.186×10^3	4.186×10^3
	C_V	水汽比热容	J/(kg·℃)	1.870×10^3	1.870×10^3
	C_a	干空气比热容	J/(kg·℃)	1.255×10^{-3}	1.255×10^{-3}
	H_c	Henry常数		0.02	0.02
	K_s	饱和水力导度	cm/d	24	24
	L_o	参考温度时的汽化潜热	J/kg	2497909	249790
	m_a	空气黏度	kg/(m·s)	1.846×10^{-5}	1.846×10^{-5}
	T_r	参考温度	℃	20	20
	W	润湿差热	J/kg	1.001×10^3	1.001×10^3
	θ_f	土壤田间持水量	m^3/m^3	0.241	0.241
	ρ_L	液态水密度	kg/m^3	1000	1000
	ε	土壤孔隙度	m^3/m^3	0.50	0.50

7.2.2 模型率定与效果评价

采用观测站微气象观测数据及作物生理数据作为耦合模型输入的驱动数据，输入数据主要包括 CO_2 浓度、实际水汽压、大气压、向下的短波辐射、向下的长波辐射、空气温度、风速、降水量（含灌溉量）和叶面积指数，并采用涡度通量数据对该模型进行率定。研究区为干旱区，小麦或玉米一年一熟。小麦耕作期为 3 月中旬至 7 月下旬，玉米耕作期为 4 月下旬至 10 月中旬。

本次研究采用 2021 年（小麦）和 2022 年（玉米）农田观测数据对 SCOPE－STEMMUS 耦合模型进行率定，以确定适合该地区小麦和玉米农田生态系统水热碳通量模拟的模型参数。模型率定时敏感性较高的参数初始值见表 7－2，其中 LAI 虽然为敏感性参数，但应根据作物实际情况输入。为评价 SCOPE－STEMMUS 耦合模型模拟精度，采用均方根误差（$RMSE$）和决定系数（R^2）两个指标对水热碳通量模拟精度进行评价，其计算公式如下：

$$RMSE=\sqrt{\frac{1}{n}\sum_{i=1}^{n}(y_i-\hat{y}_i)^2} \tag{7-21}$$

$$R^2=\frac{\left[\sum_{i=1}^{n}(y_i-\bar{y})(\hat{y}_i-\bar{\hat{y}})\right]^2}{\sum_{i=1}^{n}(y_i-\bar{y})^2\sum_{i=1}^{n}(\hat{y}_i-\bar{\hat{y}})^2} \tag{7-22}$$

式中：y_i 为实测值；$\bar{y}$ 为实测值的平均值；$\hat{y}_i$ 为模拟值；$\bar{\hat{y}}$ 为模拟值的平均值；n 为样本数量。

根据模拟精度情况对模型参数进行调整，经多次调整后，最终确定模型参数见表 7－2。

表 7－2　模型率定参数的初始值和率定值

参数	描　述	单位	初始值		率定值	
			玉米	小麦	玉米	小麦
V_{cmax}	最大羧化速率	$\mu mol/(m^2 \cdot s)$	40	40	48	42
n	VG 模型参数	—	1.40		1.70	
α	VG 模型参数	—	0.45		0.55	
θ_{sat}	饱和含水率	m^3/m^3	0.30		0.41	
θ_r	残余含水率	m^3/m^3	0.03		0.06	

（1）小麦、玉米农田能量通量率定效果。基于 SCOPE－STEMMUS 耦合模型对研究区小麦和玉米农田生长季的能量通量进行模拟，模拟效果如图 7－1 所示。

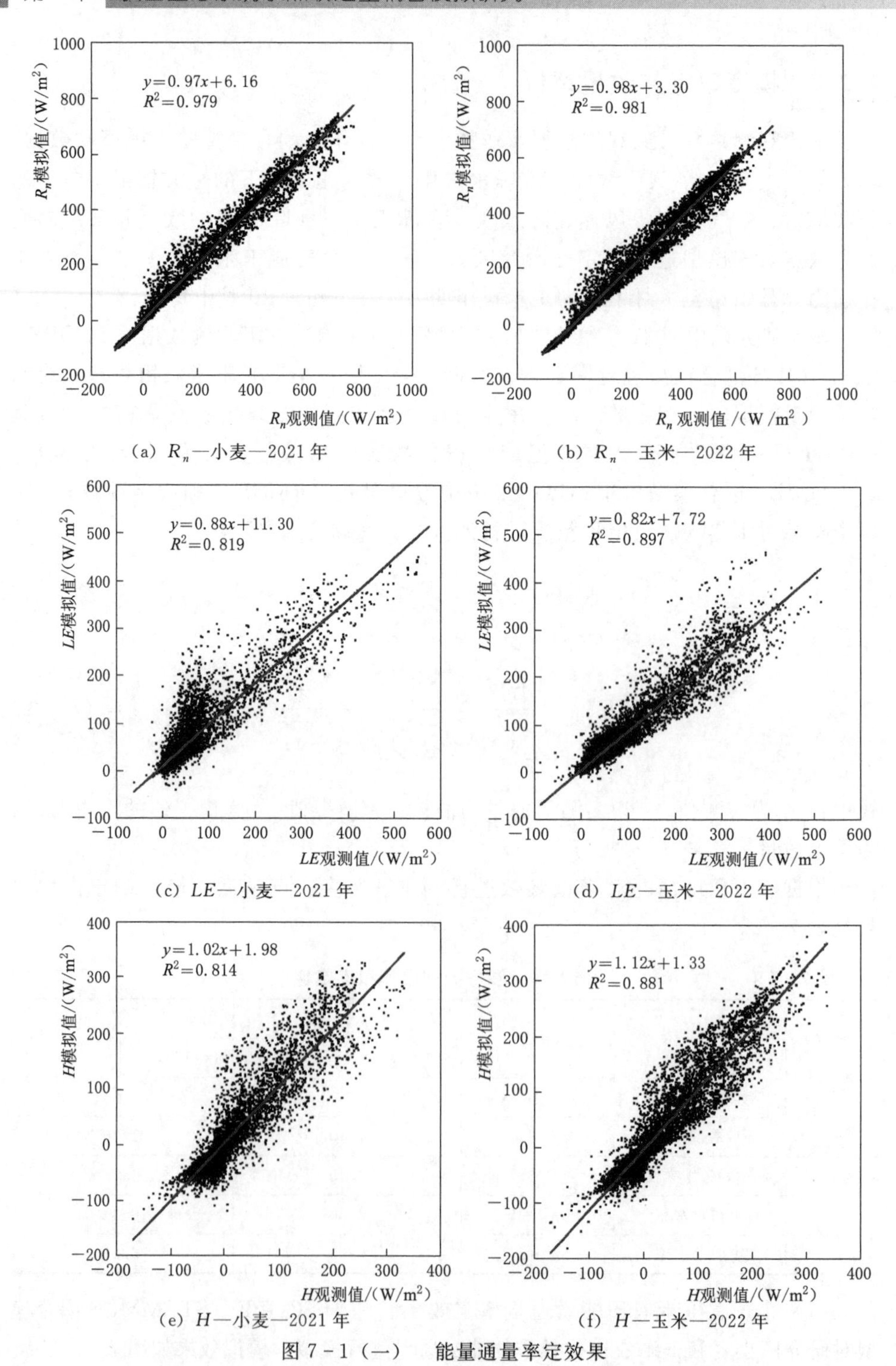

(a) R_n—小麦—2021年 (b) R_n—玉米—2022年

(c) LE—小麦—2021年 (d) LE—玉米—2022年

(e) H—小麦—2021年 (f) H—玉米—2022年

图7-1(一) 能量通量率定效果

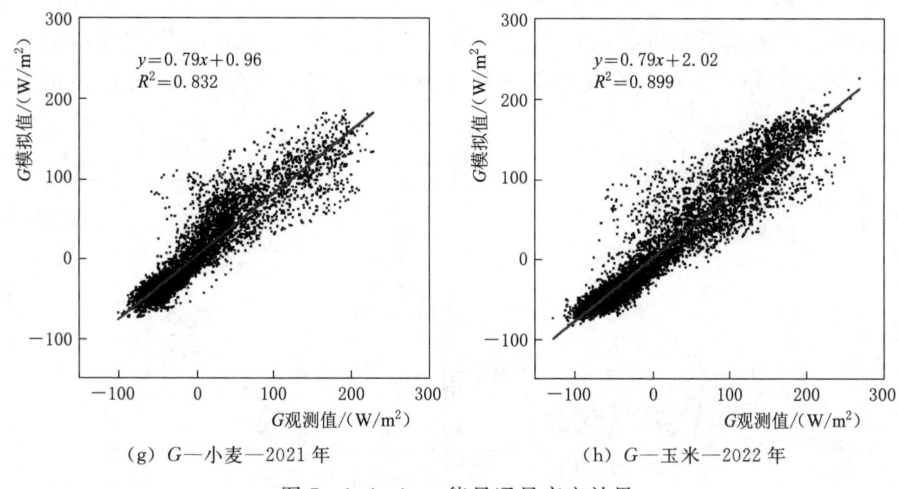

(g) G—小麦—2021 年　　(h) G—玉米—2022 年

图 7－1（二）　能量通量率定效果

SCOPE－STEMMUS 耦合模型对能量通量中的 R_n 的模拟精度最高，观测值与模拟值线性拟合的斜率接近于 1，决定系数 R^2 分别为 0.979 和 0.981。SCOPE－STEMMUS 耦合模型对 *LE*、*H* 和 *G* 的模拟精度略低于 R_n 的模拟精度，但模拟值与观测值线性关系仍然较好，决定系数 R^2 均在 0.814 以上，从拟合斜率来看，*LE* 和 *G* 的模拟可能存在低估，*H* 的模拟可能存在高估。另外，从模型率定过程中 R^2 值可看出，玉米农田能量通量的模拟精度一般高于小麦。

（2）小麦、玉米农田蒸散发及组分的率定效果。图 7－2 为 SCOPE－STEMMUS 耦合模型对小麦和玉米农田生长季蒸散发模拟值与观测值的对比结果。模型对蒸散发及其分量的模拟均具有较高的精度，模型能够较好的模拟小麦、玉米农田的蒸散发及其分量的季节变化趋势。其中，小麦和玉米农田 *ET* 模拟中的 R^2 分别为 0.866 和 0.814，*RMSE* 分别为 0.579mm 和 0.528mm；耦合模型对 *T* 的模拟中 R^2 分别为 0.915 和 0.888，*RMSE* 分别为 0.299mm 和 0.281mm，可以看出 *T* 的模拟精度高于 *ET*；耦合模型对 *E* 的模拟结果中，R^2 分别为 0.814 和 0.834，*RMSE* 分别为 0.237mm 和 0.293mm，可以看出，*E* 的模拟精度略低于 *T*。观测值和模拟值的拟合斜率基本都小于 1.0，截距绝对值接近于 0，说明在目前的模型参数条件下，小麦和玉米农田蒸散发及其分量的模拟可能存在低估，但低估量很小，可以满足模拟精度要求。

（3）小麦玉米农田 *GPP* 的率定效果。图 7－3 为 SCOPE－STEMMUS 耦合模型对小麦和玉米农田生态系统总初级生产力的率定效果。小麦和玉米农田生态系统 *GPP* 率定结果中，决定系数 R^2 分别为 0.927 和 0.862，均方根误差

$RMSE$ 分别为 1.545g/(m²·d) 和 1.859g/(m²·d)。由此可见，该耦合模型对碳通量 GPP 的模拟精度较高，小麦和玉米生长季的 GPP 模拟值与观测值变化趋势一致。另外，由拟合直线的斜率和截距大小可知，模型对 GPP 的模拟可能存在高估的情况。

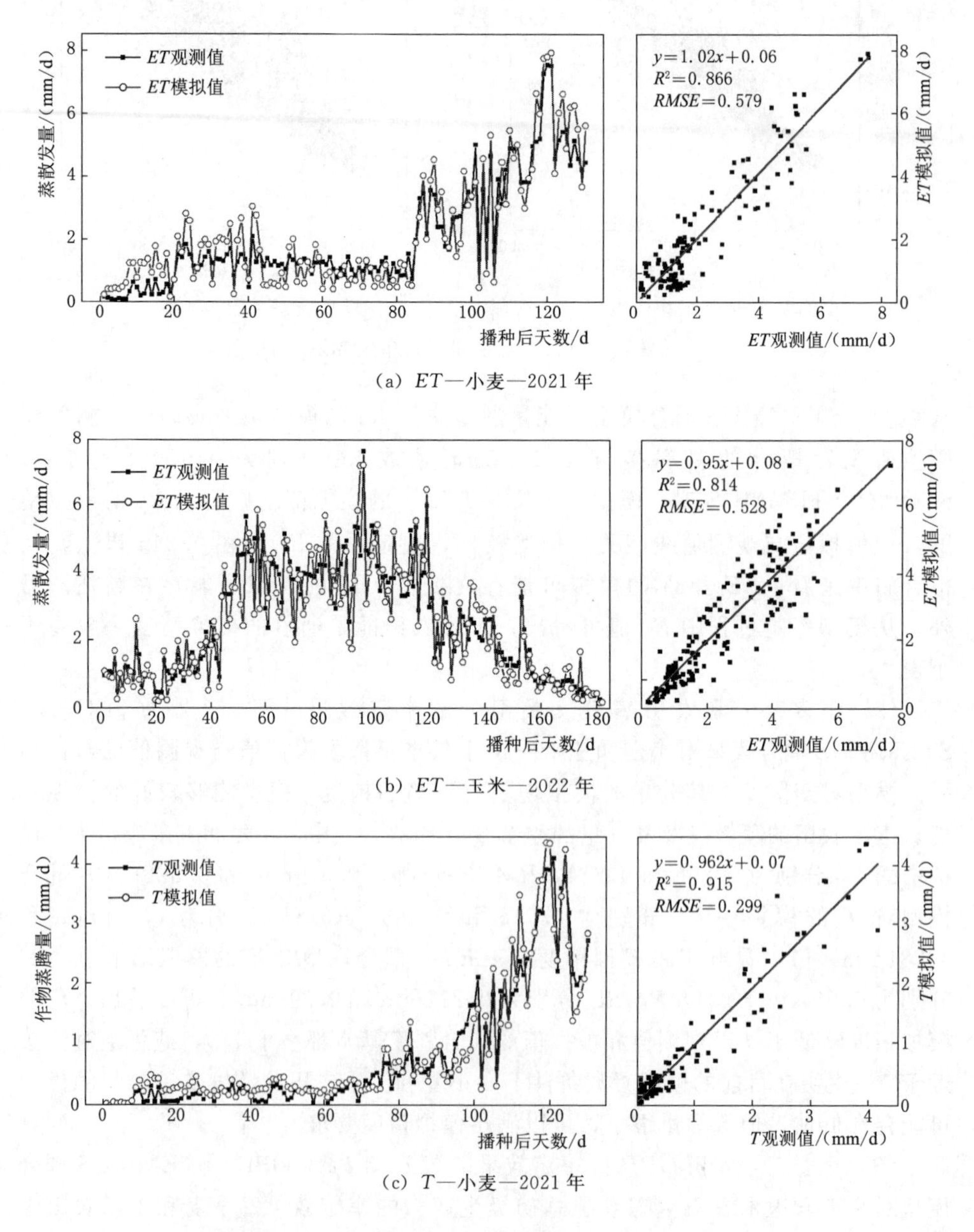

图 7-2（一） 蒸散发、作物蒸腾和土壤蒸发率定效果

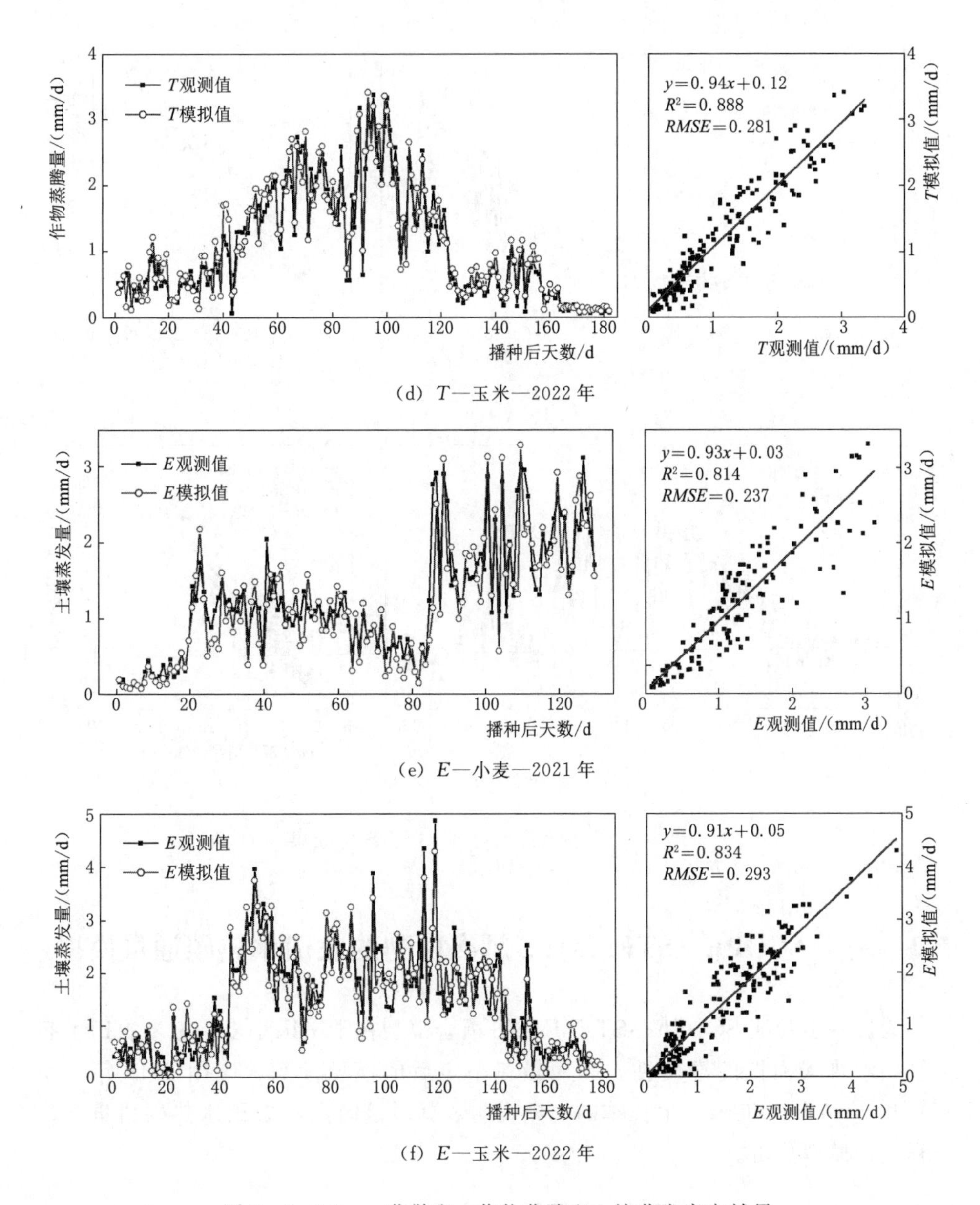

(d) T—玉米—2022 年

(e) E—小麦—2021 年

(f) E—玉米—2022 年

图 7-2（二） 蒸散发、作物蒸腾和土壤蒸发率定效果

综上可知，从能量通量、水分通量和碳通量模拟结果来看，经过率定后的模型参数是合理的，采用最终率定的模型参数，SCOPE - STEMMUS 耦合模型具有较高的水热碳通量模拟精度，可以用于干旱区小麦、玉米农田生态系统水热碳通量变化的模拟研究。

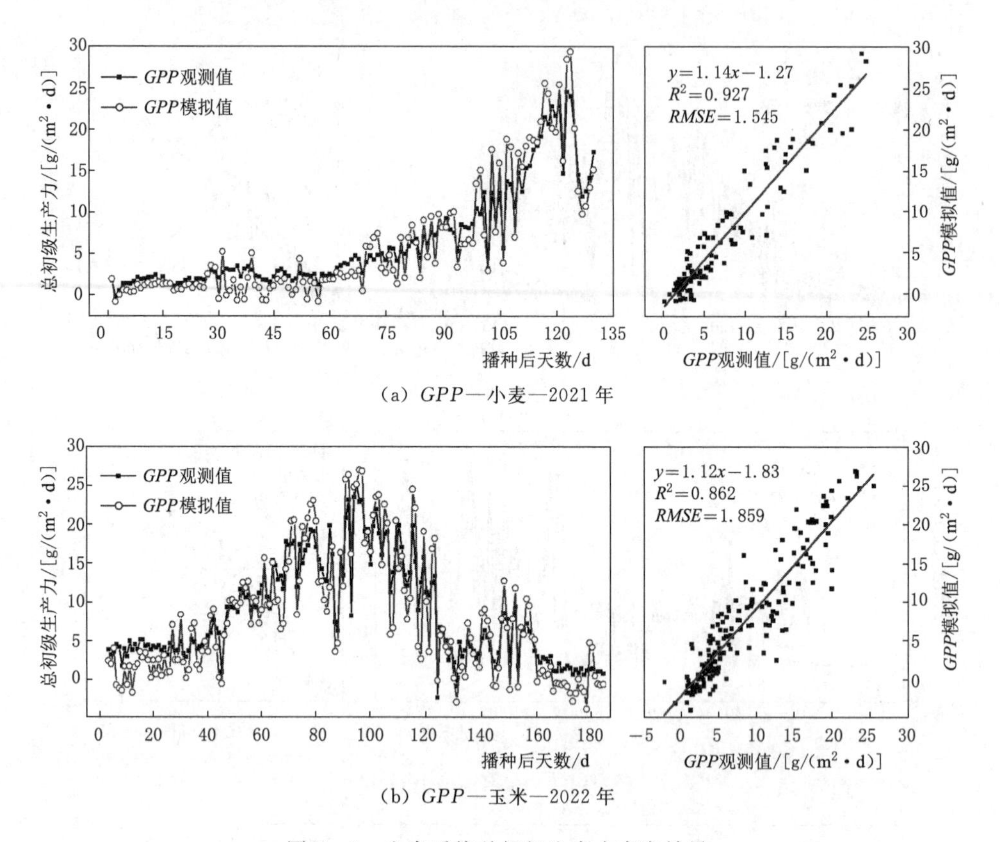

图 7-3 生态系统总初级生产力率定效果

7.3 基于 SCOPE-STEMMUS 耦合模型的农田水热碳通量模拟

为进一步验证 SCOPE-STEMMUS 耦合模型在干旱区小麦、玉米农田生态系统中水热碳模拟的准确性，采用最终率定后的模型参数，应用 2019 年（小麦）和 2020 年（玉米）生长季的气象观测数据对该时期的农田水热碳通量变化过程进行模拟分析。

7.3.1 小麦、玉米农田能量通量的模拟

采用率定后的 SCOPE-STEMMUS 耦合模型对验证年份的水热碳通量进行模拟，得到验证年份能量通量半小时数据，并与涡度相关系统实测的能量通量数据进行了对比，结果如图 7-4 所示。由图 7-4 可知，SCOPE-STEMMUS 耦合模型对 R_n 的模拟精度仍然为最高，观测值与模拟值线性拟合斜率为 1.08～

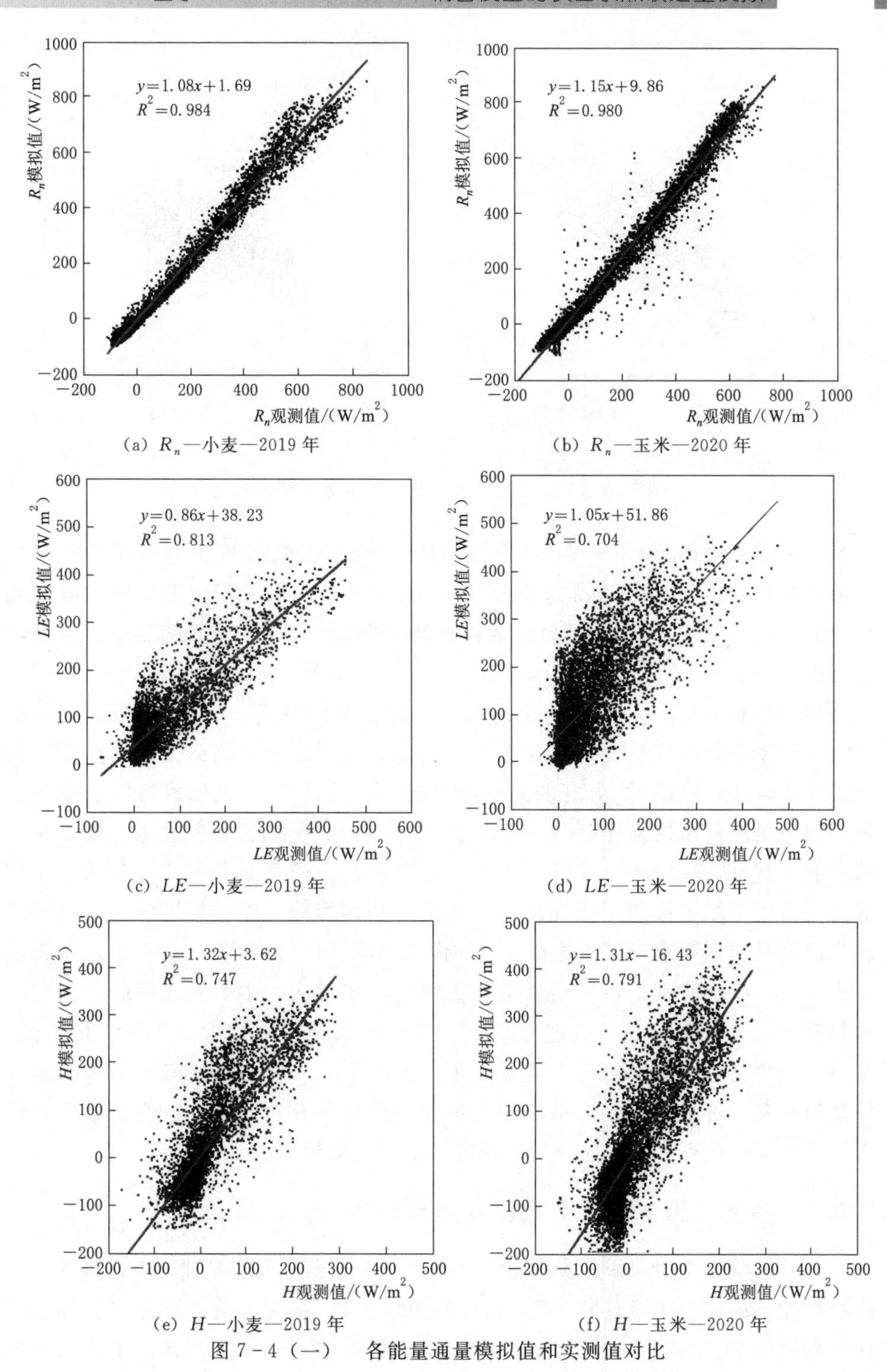

(a) R_n—小麦—2019 年

(b) R_n—玉米—2020 年

(c) LE—小麦—2019 年

(d) LE—玉米—2020 年

(e) H—小麦—2019 年

(f) H—玉米—2020 年

图 7-4（一） 各能量通量模拟值和实测值对比

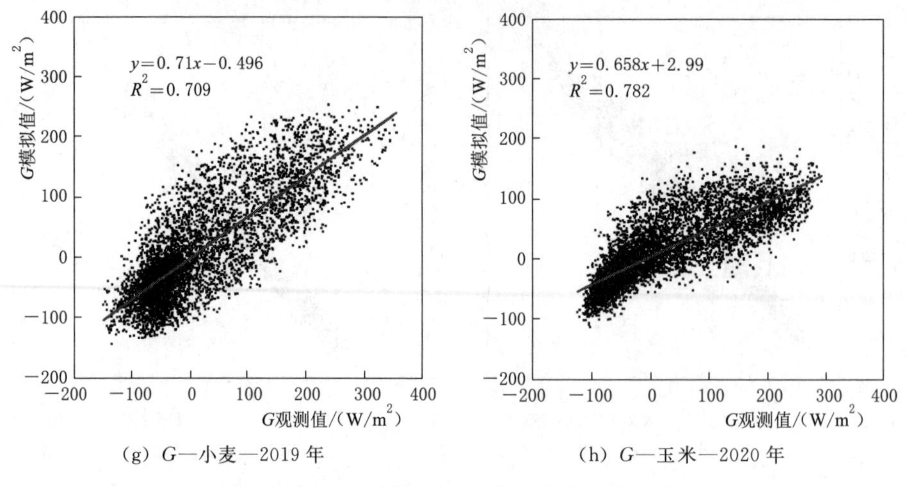

(g) G—小麦—2019年　　(h) G—玉米—2020年

图7-4（二）　各能量通量模拟值和实测值对比

1.15，决定系数 R^2 在0.98以上。SCOPE-STEMMUS耦合模型对 LE、H、G 的模拟精度不如 R_n，决定系数 R^2 为0.704～0.813，R^2 比模型率定阶段降低。其中，玉米生态系统 H 和 G 的模拟精度略高于小麦，这与模型率定阶段结论一致。

在模型验证阶段，模型对 H 的模拟值存在高估情况，对 G 存在低估情况，这与模型率定阶段一致。研究区作物生长季灌溉量较大，灌溉带来的热量平流交换效应较大，可能对 H 的变异性影响较大。另外 G 的观测本身因土壤热储量、界面热量传输损失等存在一定误差。LE、H、G 的模拟精度均比模型率定阶段有所降低，这可能与验证年份和率定年份整体的气象条件差异有关。模型验证年份模拟结果反映了研究区能量通量的基本特征，模拟精度整体与该模型在半湿润易干旱区小麦玉米轮作农田的模拟精度（R^2 为0.74～0.85）基本为同一水平[165]，其中 H 的模拟结果拟合直线的斜率偏大，主要原因可能是研究区光热资源充足，生长季昼夜温差较大，显热通量绝对值较大，变化更加活跃，使得模型理论计算结果略大于观测结果。整体来看，SCOPE-STEMMUS耦合模型对小麦、玉米农田生态系统的能量传输模拟具有较高精度，经过率定后可以用于干旱区小麦、玉米农田生态系统能量通量的模拟。

7.3.2 小麦、玉米农田蒸散发及组分的模拟

在模型验证年份，采用SCOPE-STEMMUS耦合模型模拟小麦、玉米生长季蒸散发（ET）、土壤蒸发（E）和作物蒸腾（T）结果与观测数据（具体见第四章和第五章）的对比如图7-5～图7-7所示。由图7-5可知，小麦和玉米

ET 的模拟值与观测值拟合斜率接近于 1.0，呈线性关系，决定系数 R^2 分别为 0.874 和 0.784，均方根误差（$RMSE$）分别为 0.520mm/d 和 0.607mm/d，模拟精度较高，该结果与王旭峰等[173] 采用 LPJ 模型在盈科站绿洲农田玉米 ET 的模拟精度相当（R^2 为 0.80）。从 R^2 来看，同样是玉米季模拟精度低于小麦季，这与 LE 模拟结果一致，但 ET 的模拟精度比 LE 的模拟精度有所提高，这可能是 ET 值日值，LE 为半小时值，半小时尺度上模拟结果变异性较大，日值的计算弱化了半小时数据的变异性。

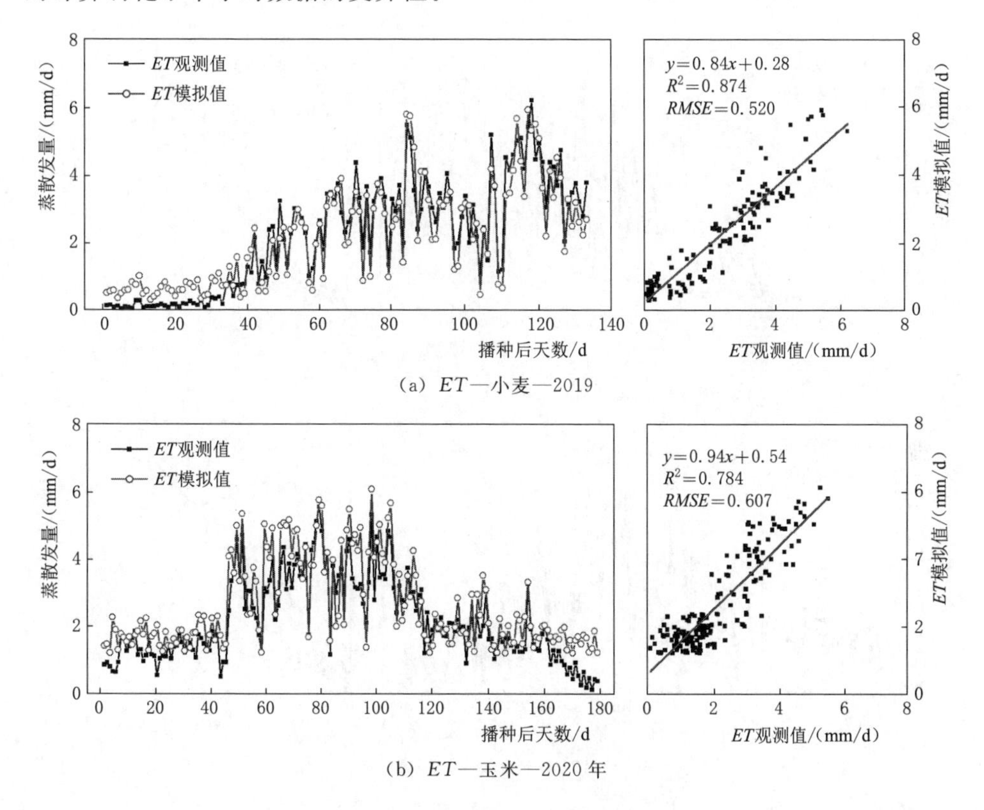

图 7-5 蒸散发模拟值与观测值对比

从变化趋势来看，小麦和玉米季的模拟值变化趋势与观测值趋势较为一致。作物生长初期 ET 处于较低水平；作物进入快速生长期后，随着气温回升和叶面积指数的增加，ET 快速上升，并在生长中期达到峰值后趋于稳定；作物进入生长后期以后，ET 逐渐降低至播种前水平。其中由于小麦生长季较短，尤其是生长后期时间较短，模拟和实测结果均未看到 ET 有明显下降的趋势，这主要是因为生长后期生态系统 ET 正处于年内峰值阶段。在作物生长初期和生长末期，ET 模拟值位于观测值上方，即说明生长初期和生长末期模拟结果偏大。

由图7-6中小麦和玉米季T的模拟结果可知，T的模拟值与观测值线性拟合关系较高，决定系数R^2分别为0.860和0.834，$RMSE$分别为0.395mm/d和0.327mm/d，模拟精度较高。从决定系数R^2和斜率来看，玉米季模拟精度低于小麦季，T的模拟精度比ET的模拟精度有所提高。从变化趋势来看，小麦和玉米季的模拟值变化趋势与观测值趋势较为接近，T主要随着作物冠层叶面积的增大而增大，随着冠层的衰落快速下降。

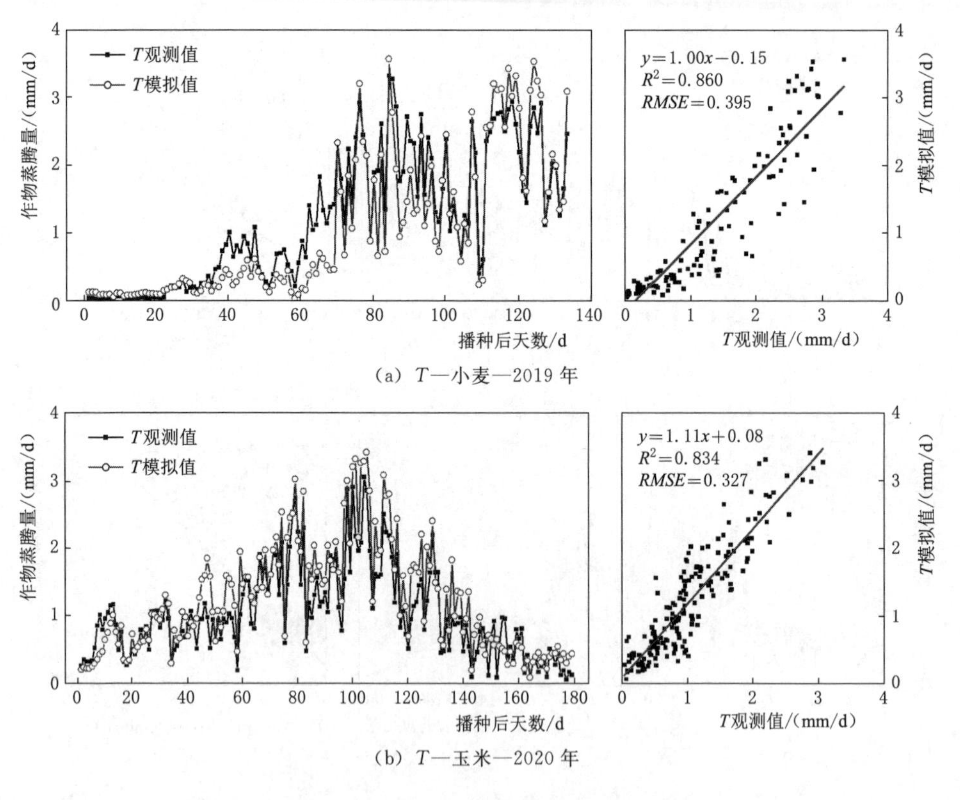

图7-6 作物蒸腾模拟值与观测值对比

小麦在快速生长期模拟值存在低估的情况，玉米则在快速生长期和生长中期存在T高估的情况，这可能是耦合模型考虑了水分胁迫对T的影响，小麦生长快速生长期灌溉量较小，土壤存在一定的水分胁迫，耦合模型模拟值偏低；玉米快速生长期和生长中期灌溉量较大，土壤水分相对充足，模拟计算结果偏高，模拟结果可能更符合生态系统作物蒸腾的真实情况。

由图7-7中小麦和玉米E的模拟结果可知，E的模拟值与观测值线性拟合关系较高，决定系数R^2分别为0.862和0.767，$RMSE$分别为0.279mm/d和

0.380mm/d，模拟精度较高。从 R^2 来看，玉米季模拟精度低于小麦季，E 的模拟精度比 T 的模拟精度略低。从变化趋势来看，小麦和玉米季的模拟值变化趋势与观测值趋势较为一致，但小麦在快速生长期 E 的峰值变化处存在低估的情况，玉米则在生长中期 E 值峰值变化处存在高估情况。这可能是由于发生降雨或者灌溉的情况，土壤水分短时间内变化，E 值随之发生剧烈变化，此时耦合模型可能对此反应不敏感；另外，也可能是因为此时期观测 ET 分离不符合潜在水分利用效率理论假设，导致 ET 分离得到 E 存在误差。

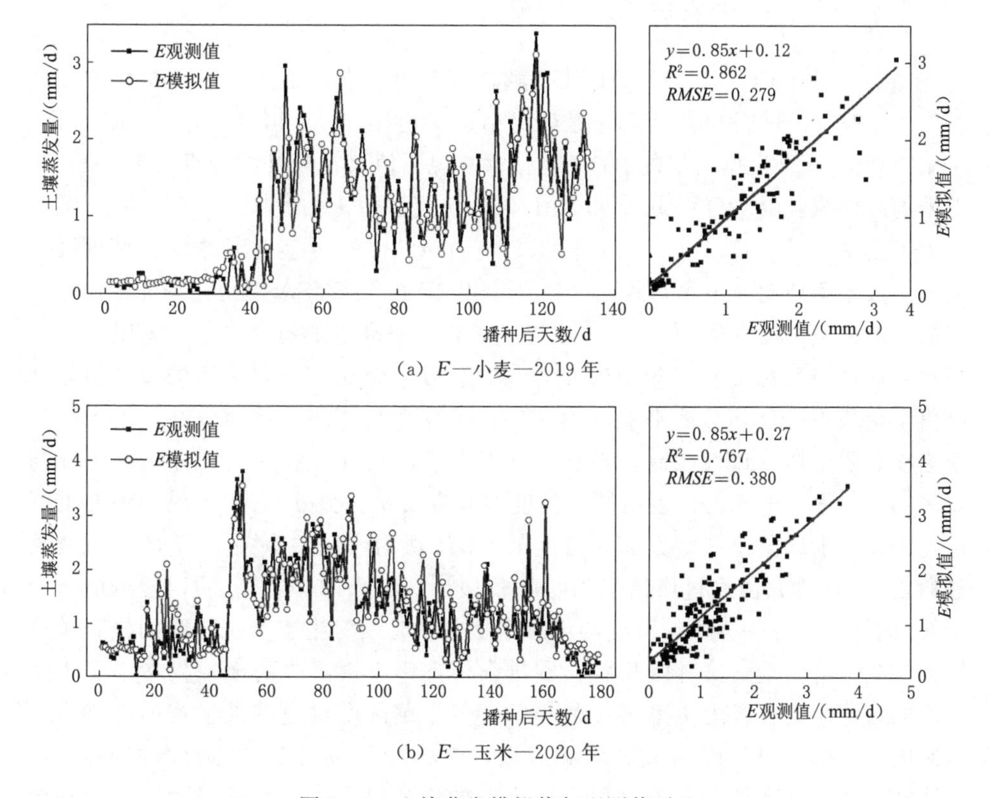

(a) E—小麦—2019 年

(b) E—玉米—2020 年

图 7-7　土壤蒸发模拟值与观测值对比

从蒸散发及其分量的模拟结果来看，SCOPE - STEMMUS 耦合模型在验证阶段，对水通量的模拟精度较高，能够表征小麦、玉米生长季冠层尺度的水分传输变化过程，与 Wang 等[165] 在半湿润易干旱区夏玉米的蒸散发模拟精度相当。在生长季尺度上，对模拟结果统计显示，2019 年小麦生长季 ET、T 和 E 的整体误差为−8.1%、−9.6%和−3.1%，2020 年玉米生长季 ET、T 和 E 的整体误差为+8.3%、+9.2%和+7.4%，即在生长季尺度上的模拟误差在±10%以内，这对于干旱区灌区灌溉制度的制定来说是可以接受的，同时也说明该模型还需继续改进，模拟精度还有一定的提升空间。SCOPE-STEMMUS耦合模型虽然经过了参数的率定，但在进行模拟验证时仍然会出现一定的误差，这主要是因为农田生态系统不同年份的气象条件具有较复杂的变异性，水分通量的变化不仅受到模拟期气象条件的影响，还可能受到年际间作物品种、田间管理等方面的影响，但该模型目前并没有考虑这些人为因素的影响，在后续研究中还需要进一步改进。

7.3.3 小麦、玉米农田 *GPP* 的模拟

图7-8为SCOPE-STEMMUS耦合模型对小麦、玉米生态系统总初级生产力（*GPP*）的模拟值与观测值对比结果。由图7-8可知，采用SCOPE-STEMMUS耦合模型模拟的*GPP*模拟值与观测值存在较好的线性关系，小麦、玉米的线性拟合斜率分别为0.99和1.06，决定系数R^2分别为0.874和0.818，*RMSE*分别为1.987g/(m^2·d) 和2.353g/(m^2·d)，小麦生长季模拟精度高于玉米。该预测精度与王军邦等[81] 采用GLOPEM-CEVSA模型在华北平原区对碳通量的模拟精度（R^2为0.84～0.88）相当，略高于王旭峰等[173] 采用LPJ模型在盈科站绿洲农田玉米*NEE*的模拟精度（R^2为0.79）。*GPP*的模拟值与观测值变化趋势一致，整体来看，小麦生长季在观测初期一致性较高，玉米生长季则在观测中期一致性较高，在观测初期和观测后期存在一定误差，这可能与观测初期小麦、玉米的地表植被覆盖度差异有关系。另外，*GPP*模拟值在低峰值点处往往出现误差，一方面，可能与*GPP*观测值误差有关，*GPP*的观测值是通量*NEE*观测值经过作物夜间呼吸模型计算而来的，*GPP*的误差可能来源于R_e的计算；另一方面，可能与耦合模型在该时期对生态系统呼吸的模拟精度较低有关，特别是土壤呼吸模拟，在耦合模型中土壤呼吸的模拟仅考虑了土壤温度的影响，没有考虑土壤湿度的影响，但土壤湿度对土壤微生物的呼吸有一定影响。例如，田间降雨或者灌溉时段，土壤温度因土壤湿度的增加而降低，土壤呼吸随温度降低而下降，但土壤湿度的增加提高了土壤呼吸值，此时耦合模型的模拟结果可能存在一定误差。

在模型模拟验证阶段，对小麦、玉米生长季的*GPP*模拟值进行统计，2019年小麦整个生长季的*GPP*为1058.8g/m^2，与观测值的误差+5.1%；2020年玉米整个生长季的*GPP*为1467.8g/m^2，与观测值的误差为-5.5%，即模拟误差整体在±5%左右，该结果与王军邦等[81] 采用GLOPEM-CEVSA模型在华北平原区的模拟结果基本相当（误差为-3.64%～7.96%）。SCOPE-STEMMUS耦合模型对小麦、玉米生态系统尺度*GPP*的模拟是可行的，经过率定的模型用于干旱区小麦、玉米农田生态系统的碳通量模拟具有较好的适用性。

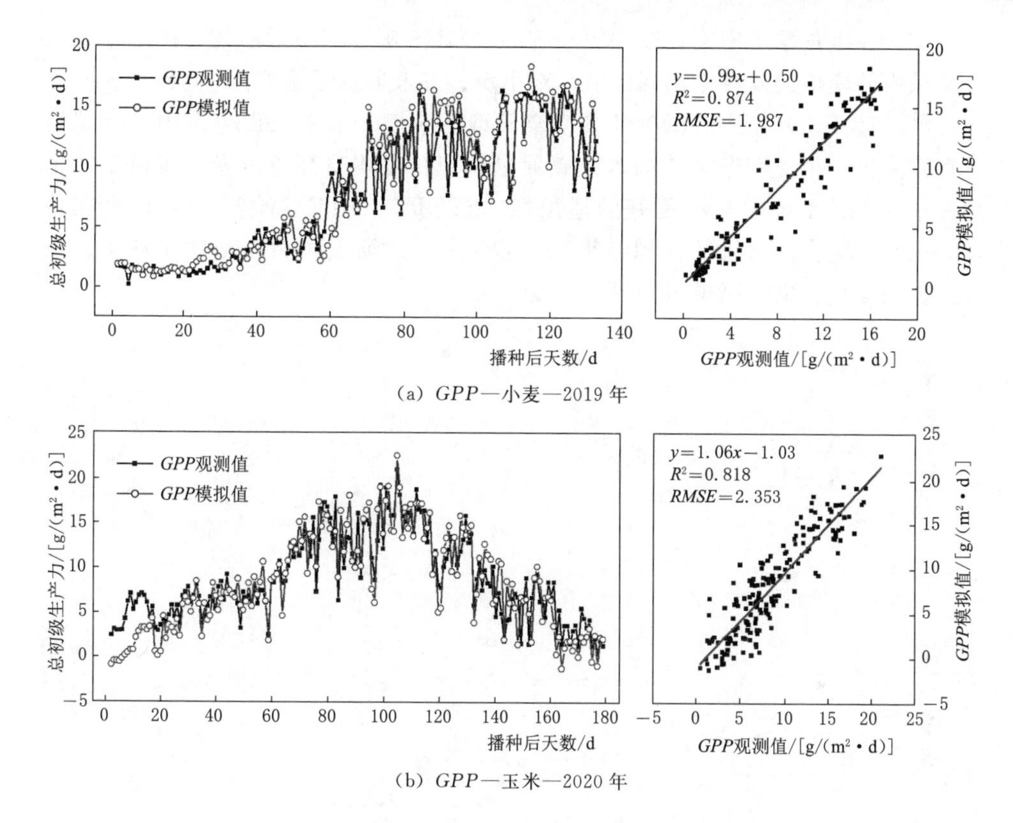

图 7-8 生态系统总初级生产力模拟值和实测值对比

7.4 本章小结

水、能量、碳的耦合研究对气候变化条件下生态水文过程的理解至关重要。基于生态系统陆面过程模拟的光化学模型（SCOPE 模型）和土壤水热气传导模型（STEMMUS 模型）构建了 SCOPE-STEMMUS 耦合模型，采用 2021 年小麦生长季和 2022 年玉米生长季的观测数据对模型进行了率定，并对 2019 年小麦生长季和 2020 年玉米生长季的水热碳通量变化进行了模拟。得出主要结论如下：

(1) SCOPE-STEMMUS 耦合模型对干旱盐渍化灌区小麦、玉米农田水热碳模拟具有较高的精度，特别是对水分胁迫时的能量及水碳通量模拟效果较好，能够较好的模拟干旱区农田生态系统能量及水碳通量的季节变化过程，可以作为该类型农田生态系统陆面过程水热碳通量模拟的有效方法，同时为生态系统作物蒸腾和土壤蒸发的分离提供了新途径。

（2）在生长季尺度上，SCOPE－STEMMUS耦合模型对小麦、玉米生态系统蒸散发的模拟误差在±10%以内，对小麦、玉米生态系统*GPP*的模拟误差为±5%左右；SCOPE－STEMMUS耦合模型在小麦、玉米农田生态中的模拟精度存在差异，小麦生态系统的水热碳通量模拟精度均略高于玉米，该模型在干旱区小麦生态系统中具有更好的适用性；SCOPE－STEMMUS耦合模型在小麦、玉米不同生长阶段的模拟结果存在差异，后续研究可根据作物不同生长期设置模型参数，以提高模型的模拟精度。

第8章 结论与展望

8.1 结论

西北干旱灌区是我国重要的粮食产区之一，但农业生产主要依靠农田灌溉，灌区内农田生态系统形成了较为独特的水热碳传输机制。本书选取干旱盐渍化灌区内的小麦、玉米农田生态系统为研究对象，在涡度相关通量观测、微气象观测和土壤水热盐观测的基础上，分析了农田生态系统水热碳通量及盐分在不同时间尺度上的变化及收支特性，结合微气象观测结果，揭示了水热碳通量传输机制和主控因子，构建了水热碳通量传输耦合模型，基于现场观测数据对模型进行了率定，并对小麦、玉米农田生态系统水热碳通量变化开展了模拟分析，得出以下几点研究结论：

（1）观测站通量数据缺失率在正常范围内，观测期内全年能量闭合度整体为0.72，生长季能量闭合度为0.74，其中小麦生长季能量闭合度为0.76，玉米生长季能量闭合度为0.79，观测数据能量闭合度在合理范围内，通量贡献区范围在目标研究区域内，观测数据质量较好，具有一定空间代表性。

（2）各能量通量月平均日变化过程呈现倒U形，夏季日内波动剧烈，冬季较为平缓，生态系统夏季夜间存在逆温情况；R_n 和 LE 日平均值在年内整体呈单峰变化，H 在年内变化过程与 R_n、LE 相反，G 的日平均值在季节上整体波动较小；作物生长季净辐射主要以潜热形式耗散，非生长季主要以显热形式耗散；ET_{eq} 能够分别揭示小麦和玉米生长季76.2%和68.7%的变异性，农田生态系统表面参数 α、G_c、Ω 季节变化整体与 LE 一致，生长季蒸散发量主要受净辐射、温度等气象因子驱动，非生长季蒸散发量主要受 G_c 驱动；ET、α 和 Ω 与 G_c 之间符合对数关系，G_c 对 ET、α 和 Ω 的控制作用存在明显的阈值效应，小麦和玉米的阈值约为11mm/s；在生长季，对小麦和玉米 ET 季节变化的影响贡献最大的环境因子分别是 T_a 和 T_s，在非生长季，对小麦农田 ET 变化的主要影响因子是 T_s，而玉米农田 ET 变异性较大；小麦和玉米农田土壤含水率剖面分布呈反C形，土壤温度剖面分布呈“汇聚”直线形，生长季土壤盐分的剖面分布呈“表聚”形，观测期地下水埋深减小0.54m，土壤盐分增加28%；土壤含盐量随土壤贮水量增加呈线性递减关系，其中小麦分为两个不同的阶段，玉米分为三个不同的阶段；土壤温度低于5℃时，土壤含盐量随土壤温度上升呈线性递减关系，土壤温度高于5℃时，土壤含盐量随土壤温度上升呈线性递增关系；0～60cm不同深度土壤电导率与地下水埋深均满足指数负相关关系，土壤电导率随地下水埋深的减小而增大。

(3) T 和 ET 的季节变化相似，非生长季 ET 主要表现为 E，生长季主要表现为 T，小麦、玉米 T 的最大值分别为4.2mm和3.1mm，E 的最大值分别为3.4mm和4.8mm；小麦季作物蒸腾与土壤蒸发占比相当，玉米季蒸散发主要以土壤蒸发为主；作物生长季 T 与 R_n、LAI 呈显著正相关，E 与 R_n、T_s 呈显著正相关，E 和 G_c 之间存在对数相关关系，G_c 对 E 的控制存在阈值效应，该阈值小麦为8mm/s，玉米为10mm/s；小麦和玉米农田分别有35.7%和61.8%的水分（降水量和灌溉水量之和）发生了深层渗漏，小麦和玉米田间灌溉水利用效率为0.601和0.367，冬灌和春灌降低了玉米种植年份的灌溉水利用效率；基于实测数据确定的小麦、玉米作物系数曲线能够较好的估算当地的蒸散发量，小麦不同生育阶段作物系数为：生长初期0.20，生长中期0.72，生长后期0.61，玉米为生长初期0.25，生长中期0.96，生长后期0.35；K_{cb} 和 K_e 随着作物的生长先增大后减小，K_e 的变异性比 K_{cb} 更大，且 K_{cb} 值一般比 K_e 值略小，即农田土壤蒸发强度大于作物蒸腾强度，玉米的耗水强度大于小麦；生长季土壤蒸发过程主要受 G_c 驱动，作物蒸腾过程主要受 LAI 驱动，G_c 对的 K_c、K_e、K_{cb} 的影响同样存在阈值效应，该阈值小麦生长季为7mm/s，玉米生长季为6mm/s。

(4) 小麦和玉米农田生态统 NEE 月平均日变化表现为U形变化，GPP 和 R_e 则表现为倒U形，最大值一般出现在7月；各碳通量存在明显的季节变化特征，7月达到年内峰值；对碳通量变化影响较大的环境因子是温度，不同作物、不同碳通量对 T_a 或 T_s 的具体响应程度不同，碳通量变化同时受到 R_n、VPD 的直接或间接影响；生态系统呼吸与温度存在指数正相关关系，玉米的 R_e 对温度升高的敏感性比高于小麦，小麦和玉米生态系统的 NEE 整体表现为源或汇的临界温度分别为8℃和10℃；在生长季，小麦生态系统的 GPP、R_e 和 NEE 总量平均为956.4g/m^2、657.1g/m^2 和−299.4g/m^2，玉米生态系统的 GPP、R_e 和 NEE 总量平均为1540.6g/m^2、1444.5g/m^2 和−96.1g/m^2，即小麦和玉米生长季均表现为碳汇，考虑籽粒收获导致的碳排放后，小麦仍然表现为碳汇，玉米则表现为碳源，在年尺度上，小麦、玉米农田具有同样的碳收支属性；受作物品种、耕作方式及气候变化等因素的影响，不同生态系统的固碳能力不同，干旱区农田生态系统 GPP 明显高于其他地区农田生态系统，但固碳潜力并不高。小麦生长季的平均 WUE 分别为 2.94g/kg，玉米生长季的平均 WUE 为 3.82g/kg，玉米作为 C4 作物水分利用效率高于小麦；水分利用效率的稳定性受到 VPD 和 ET_0 的影响，对 WUE 进行标准化处理能够提高碳水耦合关系的稳定性，研究区农田水分利用效率偏低，具有较大的提升空间。

（5）SCOPE - STEMMUS 耦合模型对干旱盐渍化灌区小麦、玉米农田水热碳模拟具有较高的精度，一定程度上解决了 SCOPE 在缺少土壤水分数据时的水热碳通量模拟受限问题，为生态系统作物蒸腾和土壤蒸发分离提供了新途径；SCOPE - STEMMUS 耦合模型在小麦、玉米农田生态中的模拟精度存在差异，小麦农田水热碳通量模拟精度均略高于玉米农田，作物不同生长阶段模拟结果存在差异；在生长季尺度上，SCOPE - STEMMUS 耦合模型对小麦、玉米生态系统蒸散发的模拟误差在±10%以内，对 GPP 的模拟误差为±5%左右；整体来看，SCOPE - STEMMUS 耦合模型可以作为干旱区小麦、玉米农田生态系统水热碳通量模拟的有效方法。

8.2 创新点

本书内容主要包括以下几个方面的创新：

（1）针对西北干旱区盐渍化农田长期灌溉条件下水热通量传输及分配过程特殊、变化规律与环境响应机理揭示不足等问题，基于涡度相关技术开展了小麦、玉米农田生态系统水热通量观测，明晰了干旱盐渍化灌区农田生态系统能量通量时程演变规律、分配特征及收支特性，基于潜在水分利用效率理论对蒸散发进行了分离，探明了小麦玉米农田蒸散发和作物系数变化的主控因子及响应机制，为干旱区农业节水提供了理论支撑。

（2）针对干旱区小麦玉米农田生态系统碳通量变化响应过程复杂、碳汇属性及碳水耦合特征不明确等问题，基于碳通量观测数据，采用数据分析、理论分析等相结合的方法，探明了干旱区农田生态系统碳通量在不同时间尺度的变化规律及其与环境因子之间的关系；从碳循环平衡角度明确了干旱区小麦玉米农田生态系统的碳收支属性与固碳潜力的差异，揭示了碳水耦合过程的变化特性及响应机制，为干旱区农田生态系统未来进一步实现固碳减排提供了参考。

（3）基于陆面过程模拟的光化学模型（SCOPE）和土壤水热传导模型（STEMMUS），构建了适合干旱区农田生态系水热碳通量变化模拟的耦合模型（SCOPE - STEMMUS），一定程度上弥补了水分胁迫条件下 SCOPE 模型对通量高估的不足，使冠层辐射传输过程的模拟更具有机理性；SCOPE - STEMMUS 耦合模型可作为西北干旱区农田陆面过程水热碳通量模拟的有效方法，为未来气候变化或大尺度范围的生态系统水热碳通量变化预测提供了新的路径与方法。

8.3 不足与展望

本书基于涡度相关技术，对干旱灌区小麦、玉米农田生态系统进行了水热碳通量观测，明确了该类型农田生态系统水热碳通量在不同时间尺度的变化与收支特性，并揭示了水热碳通量传输机制和主控因子，但研究仍有较多方面需要完善，后续工作可以从以下几个方面开展：

（1）本书研究虽然进行了4年的连续观测，对生态系统水热碳通量日变化和季节变化进行了分析研究，尚不能明确水热碳通量年际间变化趋势，未来需要继续做好该站点的通量观测工作，进一步丰富该观测站点的通量数据量，开展干旱区典型农田生态系统中长时期的水热碳通量演变研究。

（2）书中土壤水热盐观测主要分布在60cm以上的土层，目前缺乏更深土层的水热盐观测资料，尚不能对更大范围内土层的水热盐运移过程进行全面研究，未来需要增加更深土层的温湿盐传感器的布设，以便全面了解干旱区长期灌溉下的农田土壤水热盐传输过程。

（3）本书仅是对单一站点的研究结果，该类型农田生态系统水热碳通量观测结果在区域尺度上可能存在变异性，了解区域尺度上的蒸散发及碳收支状况对生产实践更具有指导意义，因此后续研究可以该站点通量观测为基础，借助遥感观测等技术，进行水热碳通量的升尺度研究。

参考文献

［1］ 于贵瑞，郝天象，朱剑兴. 中国碳达峰、碳中和行动方略之探讨［J］. 中国科学院院刊，2022，37（4）：23-434.

［2］ 方精云. 碳中和的生态学透视［J］. 植物生态学报，2021，45（11）：1173-1176.

［3］ Zeng N，Zhao F，Collatz G J，et al. Agricultural Green Revolution as a driver of increasing atmospheric CO_2 seasonal amplitude［J］. Nature，2014，515（7527）：394-397.

［4］ Piao S，Fang J，Ciais P，et al. The carbon balance of terrestrial ecosystems in China［J］. Nature，2009，458（7241）：1009-1013.

［5］ 李静思. 大型引黄灌区退水规律与退水量预测方法研究［D］. 西安：西安理工大学，2021.

［6］ 于贵瑞，伏玉玲，孙晓敏，等. 中国陆地生态系统通量观测研究网络（ChinaFLUX）的研究进展及其发展思路［J］. 中国科学D辑：地球科学，2006（S1）：1-21.

［7］ 张婷，周军志，李建柱，等. 陆地生态系统碳水通量特征研究进展［J］. 地球环境学报，2022，13（6）：645-666.

［8］ 王全九，邓铭江，宁松瑞，等. 农田水盐调控现实与面临问题［J］. 水科学进展，2021，32（1）：139-147.

［9］ 史海滨，杨树青，李瑞平，等. 内蒙古河套灌区水盐运动与盐渍化防治研究展望［J］. 灌溉排水学报，2020，39（8）：1-17.

［10］ 明广辉. 绿洲膜下滴灌农田水热盐碳通量研究［D］. 北京：清华大学，2018.

［11］ 张谋辉，田正超. 基于热脉冲方法的南方红壤蒸发原位监测［J］. 农业工程学报，2022，38（5）：105-111.

［12］ 唐家琦，王成杰. 大孔径闪烁仪观测地表水热通量研究进展［J］. 气象科技进展，2022，12（4）：37-42，59.

［13］ Baldocchi D D. How eddy covariance flux measurements have contributed to our understanding of global change biology［J］. Global Change Biology，2019，26（1）：242-260.

［14］ 赵丽芳，沈占锋，李春明，等. 地表净辐射通量观测、模拟和同化的研究进展［J］. 遥感学报，2019，23（1）：24-36.

［15］ 孙树臣. 农田和灌丛生态系统蒸散发过程及水分利用效率研究［D］. 杨凌：中国科学院教育部水土保持与生态环境研究中心，2016.

［16］ 于贵瑞. 全球变化与陆地生态系统碳循环和碳蓄积［M］. 北京：气象出版社，2003.

［17］ 于贵瑞，孙晓敏. 中国陆地生态系统碳通量观测技术及时空变化特征［M］. 北京：科学出版社，2008.

［18］ 孙义博，张文宇，苏德，等. 区域尺度无人机涡动相关通量观测系统的应用研究［J］. 生态学报，2022，42（22）：9309-9323.

[19] Zhu X J, Yu G R, He H L, et al. Geographical statistical assessments of carbon fluxes interrestrial ecosystems of China: Results from upscaling network observations [J]. Globaland Planetary Change, 2014, 118: 52-61.

[20] Yue P, Zhang Q, Ren X, et al. Environmental and biophysical effects of evapotranspiration in semiarid grassland and maize cropland ecosystems over the summer monsoon transition zone of China [J]. Agricultural Water Management, 2022, 264: 107462.

[21] 王彦兵，游翠海，谭星儒，等. 中国北方干旱半干旱区草原生态系统能量平衡闭合的季节和年际变异 [J]. 植物生态学报，2022，46 (12)：1448-1460.

[22] 贾庆宇，周莉，吴琼，等. 陆气通量交换观测研究进展 [J]. 气象科技进展，2022，12 (4)：14-21.

[23] Suyker A E, Verma S B. Evapotranspiration of irrigated and rainfed maize-soybean cropping systems [J]. Agricultural and Forest Meteorology, 2009, 149 (3-4): 443-452.

[24] Zhang W L, Chen S P, Chen J, et al. Biophysical regulations of carbon fluxes of a steppe and a cultivated cropland in semiarid Inner Mongolia [J]. Agricultural and Forest Meteorology, 2007, 146 (3-4): 216-229.

[25] You Q, Xue X, Peng F, et al. Surface water and heat exchange comparison between alpine meadow and bare land in a permafrost region of the Tibetan Plateau [J]. Agricultural and Forest Meteorology, 2017, 232: 48-65.

[26] Chen X, Yu Y, Chen J, et al. Seasonal and interannual variation of radiation and energy fluxes over a rain-fed cropland in the semi-arid area of Loess Plateau, northwestern China [J]. Atmospheric Research, 2016, 176: 240-253.

[27] Jia X, Zha T S, Gong J N, et al. Energy partitioning over a semi - arid shrubland in northern China [J]. Hydrological Processes, 2016, 30 (6): 972-985.

[28] 冯禹，郝卫平，高丽丽，等. 地膜覆盖对旱作玉米田水热通量传输的影响研究 [J]. 农业机械学报，2018，49 (12)：300-313.

[29] 朱永泰，陈惠玲，徐聪，等. 西北干旱荒漠绿洲区葡萄园水热通量特征及其主要影响因素 [J]. 广西植物，2023，43 (5)：900-911.

[30] 雷慧闽. 华北平原大型灌区生态水文机理与模型研究 [D]. 北京：清华大学，2011.

[31] 王健，蔡焕杰，康燕霞，等. 夏玉米棵间土面蒸发与蒸发蒸腾比例研究 [J]. 农业工程学报，2007 (4)：17-22.

[32] 邱让建，杨再强，景元书，等. 轮作稻麦田水热通量及影响因素分析 [J]. 农业工程学报，2018，34 (17)：82-88.

[33] Ding R, Kang S, Li F, et al. Evapotranspiration measurement and estimation using modified Priestley-Taylor model in an irrigated maize field with mulching [J]. Agricultural and Forest Meteorology, 2013, 168: 140-148.

[34] Liu H, Tu G, Fu C, et al. Three-year variations of water, energy and CO_2 fluxes of cropland and degraded grassland surfaces in a semi-arid area of Northeastern China [J]. Advances in Atmospheric Sciences, 2008, 25: 1009-1020.

[35] San José J, Montes R, Nikonova N. Seasonal patterns of carbon dioxide, water vapour and energy fluxes in pineapple [J]. Agricultural and Forest Meteorology, 2007, 147 (1-2):

16－34.

［36］ 邹旭东，蔡福，李荣平，等. 玉米农田水热通量及能量变化研究［J］. 生态环境学报，2021，30（8）：1642－1653.

［37］ 王玉才. 河西绿洲菘蓝水分高效利用及调亏灌溉模式优化研究［D］. 兰州：甘肃农业大学，2018.

［38］ 薛可嘉，何苗，卞尊健，等. Sentinel－3 卫星双角度热红外数据的流域尺度地表蒸散发估算与验证［J］. 遥感学报，2021，25（8）：1683－1699.

［39］ Alberto M C R，Wassmann R，Hirano T，et al. Comparisons of energy balance and evapotranspiration between flooded and aerobic rice fields in the Philippines［J］. Agricultural water management，2011，98（9）：1417－1430.

［40］ Liu Y，Yang S，Li S，et al. Growth and development of maize（Zea mays L.）in response to different field water management practices：Resource capture and use efficiency［J］. Agricultural and Forest Meteorology，2010，150（4）：606－613.

［41］ Bu L，Liu J，Zhu L，et al. The effects of mulching on maize growth，yield and water use in a semi-arid region［J］. Agricultural Water Management，2013，123：71－78.

［42］ Li S，Kang S，Li F，et al. Evapotranspiration and crop coefficient of spring maize with plastic mulch using eddy covariance in northwest China［J］. Agricultural Water Management，2008，95（11）：1214－1222.

［43］ Li Z，Tian C，Zhang R，et al. Plastic mulching with drip irrigation increases soil carbon stocks of natrargid soils in arid areas of northwestern China［J］. Catena，2015，133：179－185.

［44］ 胡程达，方文松，王红振，等. 河南省冬小麦农田蒸散和作物系数［J］. 生态学杂志，2020，39（9）：3004－3010.

［45］ Yuan G，Zhang P，Shao M，et al. Energy and water exchanges over a riparian Tamarix spp. stand in the lower Tarim River basin under a hyper-arid climate［J］. Agricultural and Forest Meteorology，2014，194：144－154.

［46］ Odongo V O，van der Tol C，Becht R，et al. Energy partitioning and its controls over a heterogeneous semiarid shrubland ecosystem in the Lake Naivasha Basin，Kenya［J］. Ecohydrology，2016，9（7）：1358－1375.

［47］ Zhang Y，Zhao W，He J，et al. Energy exchange and evapotranspiration over irrigated seed maize agroecosystems in a desert-oasis region，northwest China［J］. Agricultural and Forest Meteorology，2016，223：48－59.

［48］ Li K，Liu H，He X，et al. Simulation of water and salt transport in soil under pipe drainage and drip irrigation conditions in Xinjiang［J］. Water，2019，11（12）：2456.

［49］ Ning S，Zhou B，Shi J，et al. Soil water/salt balance and water productivity of typical Irrigation schedules for Cotton under under film mulched drip irrigation in northern Xinjiang［J］. Agricultural Water Management，2021，245：106651.

［50］ Lu X，Li R，Shi H，et al. Successive simulations of soil water-heat-salt transport in one whole year of agriculture after different mulching treatments and autumn irrigation［J］. Geoderma，2019，344：99－107.

[51] Ren D, Wei B, Xu X, et al. Analyzing spatiotemporal characteristics of soil salinity in arid irrigated agro-ecosystems using integrated approaches [J]. Geoderma, 2019, 356: 113935.

[52] 王国帅，史海滨，李仙岳，等. 河套灌区不同地类盐分迁移估算及与地下水埋深的关系 [J]. 农业机械学报，2020，51 (8)：255-269.

[53] 王进，白洁，陈曦，等. 新疆绿洲覆膜滴灌棉田碳通量特征研究 [J]. 农业机械学报，2015，46 (2)：70-78，136.

[54] 徐昔保，杨桂山，孙小祥. 太湖流域典型稻麦轮作农田生态系统碳交换及影响因素 [J]. 生态学报，2015，35 (20)：6655-6665.

[55] Wang Y, Hu C, Dong W, et al. Carbon budget of a winter-wheat and summer-maize rotation cropland in the North China Plain [J]. Agriculture, Ecosystems & Environment, 2015, 206: 33-45.

[56] Sasai T, Nakai S, Setoyama Y, et al. Analysis of the spatial variation in the net ecosystem production of rice paddy fields using the diagnostic biosphere model, BEAMS [J]. Ecological modelling, 2012, 247: 175-189.

[57] 叶昊天，姜海梅，李荣平. 中国东北地区玉米农田生态系统生长季碳交换研究 [J]. 玉米科学，2022，30 (1)：77-85，92.

[58] Ge Z M, Zhou X, Kellomäki S, et al. Climate, canopy conductance and leaf area development controls on evapotranspiration in a boreal coniferous forest over a 10—year period: A united model assessment [J]. Ecological Modelling, 2011, 222 (9): 1626-1638.

[59] Wagle P, Xiao X, Scott R L, et al. Biophysical controls on carbon and water vapor fluxes across a grassland climatic gradient in the United States [J]. Agricultural and Forest Meteorology, 2015, 214: 293-305.

[60] 王海波，马明国，王旭峰，等. 青藏高原东缘高寒草甸生态系统碳通量变化特征及其影响因素 [J]. 干旱区资源与环境，2014，28 (6)：50-56.

[61] 周琳琳，丁林凯，阚飞，等. 陇中半干旱区覆膜玉米净碳交换及其影响因素 [J]. 灌溉排水学报，2020，39 (S1)：7-12.

[62] 白雪洁，王旭峰，柳晓惠，等. 黑河流域湿地、农田、草地生态系统碳通量变化特征及驱动因子分析 [J]. 遥感技术与应用，2022，37 (1)：94-107.

[63] 吴东星，李国栋，亢琼琼，等. 华北平原冬小麦农田生态系统 CO_2 通量特征及其影响因素 [J]. 应用生态学报，2018，29 (3)：827-838.

[64] 陈宇. 基于涡度相关法的皖南玉米碳通量变化规律及估算模型研究 [D]. 合肥：合肥工业大学，2019.

[65] 龚婷婷，雷慧闽，杨大文，等. 荒漠灌丛碳通量对极端水分和温度的响应研究 [J]. 水力发电学报，2018，37 (2)：32-46.

[66] 董彦丽，李泽霞，陈爱华，等. 黄土高原轮作休耕梯田土壤碳通量特征及其与影响因素的关系 [J]. 甘肃农业大学学报，2021，56 (5)：144-152.

[67] Chen C, Li D, Gao Z, et al. Seasonal and interannual variations of carbon exchange over a rice-wheat rotation system on the North China Plain [J]. Advances in Atmospheric Sciences, 2015, 32: 1365-1380.

[68] 张慧. 东北雨养玉米田碳水通量年际间变化及影响机制实证研究 [D]. 沈阳：沈阳

农业大学，2022.

[69] Bai J，Wang J，Chen X，et al. Seasonal and inter-annual variations in carbon fluxes and evapotranspiration over cotton field under drip irrigation with plastic mulch in an arid region of Northwest China [J]. Journal of Arid Land，2015，7：272－284.

[70] 冯朝阳，王鹤松，孙建新．中国北方植被水分利用效率的时间变化特征及其影响因子 [J]．植物生态学报，2018，42（4）：453－465.

[71] 徐连三，杨霄翼，刘延锋，等．南疆地区棉花叶片水分利用效率的影响因素分析 [J]．干旱地区农业研究，2012，30（6）：113－117.

[72] Lu N，Nukaya T，Kamimura T，et al. Control of vapor pressure deficit（VPD）in greenhouse enhanced tomato growth and productivity during the winter season [J]. Scientia Horticulturae，2015，197：17－23.

[73] Zhou S，Yu B，Huang Y，et al. The effect of vapor pressure deficit on water use efficiency at the subdaily time scale [J]. Geophysical Research Letters，2014，41（14）：5005－5013.

[74] 庄淏然，冯克鹏，许德浩．蒸散分离的玉米水分利用效率变化及影响因素 [J]．干旱区研究：2023（7）：1117－1130.

[75] 刘宪锋，胡宝怡，任志远．黄土高原植被生态系统水分利用效率时空变化及驱动因素 [J]．中国农业科学，2018，51（2）：302－314.

[76] Li Y，Li H，Li Y，et al. Improving water-use efficiency by decreasing stomatal conductance and transpiration rate to maintain higher ear photosynthetic rate in drought-resistant wheat [J]. The Crop Journal，2017，5（3）：231－239.

[77] 徐聪，朱高峰，朱永泰，等．SiB_2 模型对不同生态系统的能量通量模拟性能研究 [J]．兰州大学学报（自然科学版），2022，58（5）：631－640.

[78] 张扬，张秋良，李小梅，等．兴安落叶松林生长季碳交换对气候变化的响应 [J]．西部林业科学，2021，50（5）：73－80，89.

[79] 常娟．基于 LPJ 模型的中国西北地区草地水分利用效率研究 [D]．南京：南京林业大学，2019.

[80] 张凤英．基于遥感和 LPJ 模型模拟的长江流域植被净初级生产力格局及驱动力分析 [D]．南京：南京林业大学，2020.

[81] 王军邦，李贵才．华北农田生态系统碳源汇模拟：基于跨尺度理论的 GLOPEM－CEVSA 耦合模型 [C] //北京师范大学全球变化与地球系统科学研究院，遥感科学国家重点实验室．遥感定量反演算法研讨会摘要集，2010：2.

[82] 田展，牛逸龙，孙来祥，等．基于 DNDC 模型模拟气候变化影响下的中国水稻田温室气体排放 [J]．应用生态学报，2015，26（3）：793－799.

[83] 王帅．不同灌溉处理稻田小气候特征和水热动态过程的研究 [D]．南京：南京信息工程大学，2020.

[84] 王婷．基于作物模型的北京地区玉米水分利用效率研究 [D]．南京：南京信息工程大学，2022.

[85] 房云龙，孙菽芬，李倩，等．干旱区陆面过程模型参数优化和地气相互作用特征的模拟研究 [J]．大气科学，2010，34（2）：290－306.

[86] 孟祥新，符淙斌. 不同陆面过程模式对半干旱区通榆站模拟性能的检验与对比 [J]. 气候与环境研究，2009，14 (4)：352-362.

[87] 晋伟，奥银焕，文小航，等. 黄土高原不同作物下垫面陆气水热交换的模拟研究 [J]. 高原气象，2023，42 (3)：671-686.

[88] 彭记永，杨光仙. 夏玉米蒸散优化参数模型及参数敏感性分析 [J]. 干旱地区农业研究，2018，36 (2)：55-62.

[89] 何田田. 皖南地区玉米农田水热通量的变化规律与模拟研究 [D]. 合肥：合肥工业大学，2018.

[90] 黄铭锐. 冬小麦-夏玉米轮作农田水热通量研究 [D]. 天津：天津农学院，2021.

[91] Sabbatini S，Mammarella I，Arriga N，et al. Eddy covariance raw data processing for CO_2 and energy fluxes calculation at ICOS ecosystem stations [J]. International Agrophysics，2018，32 (4)：495-515.

[92] Isaac P，Cleverly J，Mchugh I，et al. OzFlux Data：Network integration from collection to curation [J]. Biogeosciences，2017，14 (12)：2903-2928.

[93] Vitale D，Fratini G，Bilancia M，et al. A robust data cleaning procedure for eddy covariance flux measurements [J]. Biogeosciences，2020，17 (6)：1367-1391.

[94] 袁祺. 民勤绿洲-荒漠生态系统梭梭人工林能量分配和蒸散特征 [D]. 北京：中国林业科学研究院，2020.

[95] Papale D，Reichstein M，Aubinet M，et al. Towards a standardized processing of Net Ecosystem Exchange measured with eddy covariance technique：algorithms and uncertainty estimation [J]. Biogeosciences，2006，3 (4)：571-583.

[96] Jia B，Xie Z，Zeng Y，et al. Diumal and seasonal variations of CO_2，fluxes and their climate controlling factors for a subtropical forest in Ningxiang. Advances in Atmospheric Sciences，2015，32 (4)：553-564.

[97] Falge E，Baldocchi D，Olson R，et al. Gap filling strategies for defensible annual sums of net ecosystem exchange [J]. Agricultural and Forest Meteorology，2001，107 (1)：43-69.

[98] Rim Z C，Prévot Laurent，Amal C，et al. Observing Actual Evapotranspiration from Flux Tower Eddy Covariance Measurements within a Hilly Watershed：Case Study of the Kamech Site，Cap Bon Peninsula，Tunisia [J]. Atmosphere，2018，9 (2)：68.

[99] 杨萍. 巴丹吉林沙漠不同生态系统 CO_2 交换及其影响因素研究 [D]. 兰州：兰州大学，2022.

[100] 乔英. 干旱区滴灌枣林生态系统能量平衡及水碳通量研究 [D]. 乌鲁木齐：新疆农业大学，2022.

[101] 时元智. 两种典型农田生态系统水碳通量变异特征与环境响应 [D]. 武汉：武汉大学，2015.

[102] Reichstein M，Falge E，Baldocchi D，et al. On the Separation of Net Ecosystem Exchange into Assimilation and Ecosystem Respiration：Review and Improved Algorithm [J]. Global Change Biology，2005，11 (9)：1424-1439.

[103] 刘昌明，窦清晨. 土壤-植物-大气连续体模型中的蒸散发计算 [J]. 水科学进展，

1992 (4): 255 - 263.

[104] Beer C, Ciais P, Reichstein M, et al. Temporal and among - site variability of inherent water use efficiency at the ecosystem level [J]. Global biogeochemical cycles, 2009, 23 (2): 1 - 13.

[105] Zhou S, Yu B, Zhang Y, et al. Partitioning evapotranspiration based on the concept of underlying water use efficiency. Water Resources Research, 2016, 52: 1160 - 1175.

[106] Yang P, Hu H, Tian F, et al. Crop coefficient for cotton under plastic mulch and drip irrigation based on eddy covariance observation in an arid area of northwestern China [J]. Agricultural Water Management, 2016, 171: 21 - 30.

[107] 曾玉霞. 暗沟埋深与灌水定额对低洼盐碱地水盐分布及油葵生长的影响 [D]. 银川: 宁夏大学, 2021.

[108] Bao X, Wen X, Sun X. Effects of environmental conditions and leaf area index changes on seasonal variations in carbon fluxes over a wheat-maize cropland rotation [J]. International Journal of Biometeorology, 2022, 66 (1): 213 - 224.

[109] 王雄, 张翀, 李强. 黄土高原植被覆盖与水热时空通径分析 [J]. 生态学报, 2023, 43 (2): 719 - 730.

[110] 高红贝, 邵明安. 黑河中游绿洲春小麦生育期农田热储通量分析 [J]. 灌溉排水学报, 2015, 34 (5): 33 - 40, 90.

[111] 岳平, 张强, 牛生杰, 等. 半干旱草原下垫面能量平衡特征及土壤热通量对能量闭合率的影响 [J]. 气象学报, 2012, 70 (1): 136 - 143.

[112] 王彦兵, 游翠海, 谭星儒, 等. 中国北方干旱半干旱区草原生态系统能量平衡闭合的季节和年际变异 [J]. 植物生态学报, 2022, 46 (12): 1448 - 1460.

[113] 孙赛钰, 王维真, 徐菲楠. 黑河流域中上游水热通量足迹模型的对比分析 [J]. 遥感技术与应用, 2021, 36 (4): 887 - 897.

[114] 王云霏. 半湿润易旱区冬小麦/夏玉米农田水碳通量观测与模拟 [D]. 杨凌: 西北农林科技大学, 2020.

[115] Lei H, Yang D. Interannual and seasonal variability in evapotranspiration and energy partitioning over an irrigated cropland in the North China Plain — ScienceDirect [J]. Agricultural and Forest Meteorology, 2010, 150 (4): 581 - 589.

[116] Zhang Y, Zhao W, He J, et al. Energy exchange and evapotranspiration over irrigated seed maize agroecosystems in a desert-oasis region, northwest China [J]. Agricultural and Forest Meteorology, 2016, 223: 48 - 59.

[117] Zhu G, Lu L, Su Y, et al. Energy flux partitioning and evapotranspiration in a sub-alpine spruce forest ecosystem [J]. Hydrological Processes, 2014, 28 (19): 5093 - 5104.

[118] 高翔. 地膜覆盖对旱作春玉米田水碳通量影响研究 [D]. 北京: 中国农业科学院, 2018.

[119] Shen Y, Zhang Y, Scanlon B R, et al. Energy/water budgets and productivity of the typical croplands irrigated with groundwater and surface water in the North China Plain [J]. Agricultural and forest meteorology, 2013, 181: 133 - 142.

[120] Gu S, Tang Y, Cui X, et al. Energy exchange between the atmosphere and a mead-

ow ecosystem on the Qinghai-Tibetan Plateau [J]. Agricultural and Forest Meteorology，2005，129：175－185.

[121] 窦旭，史海滨，苗庆丰，等. 盐渍化灌区土壤水盐时空变异特征分析及地下水埋深对盐分的影响 [J]. 水土保持学报，2019，33 (3)：246－253.

[122] Lian H，Sun Z，Xu C et al. The Relationship Between the Distribution of Water and Salt Elements in Arid Irrigation Areas and Soil Salination Evolution [J]. Frontiers in Earth Science，2022，10：852458.

[123] Gao X，Gu F，Gong D，et al. Evapotranspiration and its components over a rainfed spring maize cropland under plastic film on the Loess Plateau，China [J]. Spanish Journal of Agricultural Research，2020，18 (4)：e1205.

[124] Ji X，Chen J，Zhao W，et al. Comparison of hourly and daily Penman-Monteith grass－and alfalfa-reference evapotranspiration equations and crop coefficients for maize under arid climatic conditions [J]. Agricultural Water Management，2017，192：1－11.

[125] Facchi A，Gharsallah O，Corbari C，et al. Determination of maize crop coefficients in humid climate regime using the eddy covariance technique [J]. Agricultural Water Management，2013，130：131－141.

[126] Parkes M，Jian W，Knowles R. Peak crop coefficient values for Shanxi，North-west China [J]. Agricultural Water Management，2005，73 (2)：149－168.

[127] Li Y，Cui J，Zhang T，et al. Measurement of evapotranspiration of irrigated spring wheat and maize in a semi-arid region of north China [J]. Agricultural Water Management，2003，61 (1)：1－12.

[128] Djaman K，Irmak S. Actual Crop Evapotranspiration and Alfalfa and Grass-Reference Crop Coefficients of Maize under Full and Limited Irrigation and Rainfed Conditions [J]. Journal of Irrigation and Drainage Engineering，2013，139 (6)：433－446.

[129] Peddinti S R，Kambhammettu B P. Dynamics of crop coefficients for citrus orchards of central India using water balance and eddy covariance flux partition techniques [J]. Agricultural Water Management，2019，212：68－77.

[130] 王振龙，范月，吕海深，等. 基于气象-生理的夏玉米作物系数及蒸散估算 [J]. 农业工程学报，2020，36 (11)：141－148.

[131] 余昭君，胡笑涛，冉辉，等. 基于波文比-能量平衡法的半湿润地区葡萄园蒸发蒸腾量估算 [J]. 干旱地区农业研究，2020，38 (4)：175－183.

[132] 李哲，费良军，尹永乐，等. 涌泉根灌下陕北山地苹果作物系数确定与蒸散量估算 [J]. 水资源与水工程学报，2022，33 (2)：209－215.

[133] 王贺垒，韩宪忠，范凤翠，等. 基于有效积温的设施茄子营养生长期蒸散量模拟系统 [J]. 节水灌溉，2019 (2)：11－17.

[134] Wang Y，Cai H，Yu L，et al. Evapotranspiration partitioning and crop coefficient of maize in dry semi-humid climate regime [J]. Agricultural Water Management，2020，236：106164.

[135] Gao X，Mei X，Gu F，et al. Evapotranspiration partitioning and energy budget in a rainfed spring maize field on the Loess Plateau，China [J]. Catena，2018，166：249－259.

[136] 马婷. 干旱区葡萄生态系统碳循环特征研究 [D]. 兰州：兰州大学，2020.

[137] Gao X, Gu F, Mei X, et al. Carbon exchange of a rainfed spring maize cropland under plastic film mulching with straw returning on the Loess Plateau, China [J]. Catena, 2017, 158: 298-308.

[138] 田艳领. 秸秆还田下施磷量对土壤呼吸及其温度敏感性的影响 [D]. 济南：山东农业大学，2022.

[139] Ming G, Hu H, Tian F, et al. Precipitation alters plastic film mulching impacts on soil respiration in an arid area of northwest China [J]. Hydrology and Earth System Sciences, 2018, 22.

[140] Gao X, Mei X, Gu F, et al. Ecosystem respiration and its components in a rainfed spring maize cropland in the Loess Plateau, China [J]. Scientific Reports, 2017, 7 (1): 1-14.

[141] Wang, W, Liao, Y, Guo, Q. Seasonal and annual variations of CO_2 fluxes in rainfed winter wheat agro-ecosystem of Loess Plateau, China [J]. Journal of Integrative Agriculture, 2013, 12 (1): 147-158.

[142] Li J, Yu Q, Sun X, et al. Carbon dioxide exchange and the mechanism of environmental control in a farmland ecosystem in North China Plain [J]. Science in China Series D: Earth Sciences, 2006, 49 (2): 226-240.

[143] Bajgain R, Xiao X, Basara J, et al. Carbon dioxide and water vapor fluxes in winter wheat and tallgrass prairie in central Oklahoma [J]. Science of the Total Environment, 2018, 644: 1511-1524.

[144] Wang Y, Hu C, Dong W, et al. Carbon budget of a winter-wheat and summer-maize rotation cropland in the North China Plain [J]. Agriculture Ecosystems and Environment, 2015, 206: 33-45.

[145] Schmidt M, Reichenau T G, Fiener P, et al. The carbon budget of a winter wheat field: An eddy covariance analysis of seasonal and inter-annual variability [J]. Agricultural and Forest Meteorology, 2012, 165: 114-126.

[146] Gao X, Gu F, Hao W, et al. Carbon budget of a rainfed spring maize cropland with straw returning on the Loess Plateau, China [J]. Science of the Total Environment, 2017, 586: 1193-1203.

[147] Qun D, Huizhi L. Seven years of carbon dioxide exchange over a degraded grassland and a cropland with maize ecosystems in a semiarid area of China [J]. Agriculture, Ecosystems & Environment, 2013, 173: 1-12.

[148] Prescher A K, Thomas Grünwald, Bernhofer C. Land use regulates carbon budgets in eastern Germany: From NEE to NBP [J]. Agricultural & Forest Meteorology, 2010, 150 (7-8): 1016-1025.

[149] Wang X, Ma M, Huang G, et al. Vegetation primary production estimation at maize and alpine meadow over the Heihe River Basin, China [J]. International Journal of Applied Earth Observations and Geoinformation, 2012, 17 (7): 94-101.

[150] Jans W W P, Jacobs C M J, Kruijt B, et al. Carbon exchange of a maize (Zea mays

L.) crop: Influence of phenology [J]. Agriculture, Ecosystems & Environment, 2010, 139 (3): 316 - 324.

[151] Zhou Y, Li X, Gao Y, et al. Carbon fluxes response of an artificial sand-binding vegetation system to rainfall variation during the growing season in the Tengger Desert [J]. Journal of Environmental Management, 2020, 266: 110556.

[152] 龚婷婷. 中国北方荒漠区水碳通量变化规律研究 [D]. 北京: 清华大学, 2017.

[153] 韩晓阳. 黄土塬区农田生态系统水-碳通量特征及产量时程演变趋势 [D]. 杨凌: 中国科学院研究生院(教育部水土保持与生态环境研究中心), 2016.

[154] Tong X, Li J, Yu Q, et al. Ecosystem water use efficiency in an irrigated cropland in the North China Plain [J]. Journal of Hydrology, 2009, 374: 329 - 337.

[155] Zhao F, Yu G, Li S, et al. Canopy water use efficiency of winter wheat in the North China Plain [J]. Agricultural Water Management, 2007, 93: 99 - 108.

[156] Boulain N, Cappelaere B, Ramier D, et al. Towards an understanding of coupled physical and biological processes in the cultivated Sahel — 2 Vegetation and carbon dynamics [J]. Journal of Hydrology, 2009, 375 (1 - 2): 190 - 203.

[157] Testi L, Orgaz F, Villalobos F. Carbon exchange and water use efficiency of a growing, irrigated olive orchard [J]. Environmental and Experimental Botany, 2008, 63 (1 - 3): 168 - 177.

[158] Steduto P, Hsiao T, Fereres E. On the conservative behavior of biomass water productivity [J]. Irrigation Science, 2007, 25: 189 - 207.

[159] 周沙. 陆地生态系统潜在水分利用效率模型及其应用研究 [D]. 北京: 清华大学, 2017.

[160] Van der Tol C, Verhoef W, Timmermans J, et al. An integrated model of soil-canopy spectral radiances, photosynthesis, fluorescence, temperature and energy balance [J]. Biogeosciences, 2009, 6 (12): 3109 - 3129.

[161] Bayat B, Van der Tol C, Verhoef W. Integrating satellite optical and thermal infrared observations for improving daily ecosystem functioning estimations during a drought episode [J]. Remote Sensing of Environment, 2018, 209: 375 - 395.

[162] Farquhar G D, Voncaemmerer S, Berry J A. A biochemical model of photosynthetic CO_2 assimilation in leaves of C3 species [J]. Planta: An International Journal of Plant Biology, 1980, (149 - 1): 78 - 90.

[163] Zeng Y, Su Z, Wan L, et al. Numerical analysis of air-water-heat flow in unsaturated soil: Is it necessary to consider airflow in land surface models? [J]. Journal of Geophysical Research: Atmospheres, 2011, 116 (D20).

[164] Yu L, Zeng Y, Su Z, et al. The effect of different evapotranspiration methods on portraying soil water dynamics and ET partitioning in a semi-arid environment in Northwest China [J]. Hydrology and Earth System Sciences, 2016, 20: 975 - 990.

[165] Wang Y, Zeng Y, Yu L, et al. Integrated modeling of canopy photosynthesis, fluorescence, and the transfer of energy, mass, and momentum in the soil-plant-atmosphere continuum (STEMMUS-SCOPE v1.0.0) [J]. Geoscientific Model Develop-

ment，2021 (3)：1379－1407.

[166] 万华. 黄土区山地苹果园降雨转化过程与利用研究 [D]. 杨凌：西北农林科技大学，2022.

[167] 王嘉昕. 内陆河灌区枸杞生产水分转化过程与模拟 [D]. 杨凌：西北农林科技大学，2020.

[168] 何泱. 协同反射率与叶绿素荧光的冬小麦水分胁迫早期诊断研究 [D]. 南京：南京信息工程大学，2020.

[169] Verrelst J，Rivera J P，Tol C V D，et al. Global sensitivity analysis of the SCOPE model：What drives simulated canopy-leaving sun-induced fluorescence? [J]. Remote Sensing of Environment，2015，166：8－21.

[170] Zhou S，Zhou，Remko，Duursma，et al. How should we model plant responses to drought? An analysis of stomatal and non-stomatal responses to water stress [J]. Agricultural and Forest Meteorology，2013，182：204－214.

[171] Liu L，Liu X，Hu J，et al. Assessing the wavelength-dependent ability of solar-induced chlorophyll fluorescence to estimate the GPP of winter wheat at the canopy level [J]. International Journal of Remote Sensing，2017，38 (15－16)：4396－4417.

[172] Hu J，Liu X，Liu L，et al. Evaluating the Performance of the Scope Model in Simulating Canopy Solar-induced Chlorophyll Fluorescence [J]. Remote Sensing，2018，10 (2)：250－276.

[173] 王旭峰，马明国. 基于 LPJ 模型的制种玉米碳水通量模拟研究 [J]. 地球科学进展，2009，24 (7)：734－740.